区块链基础与应用

徐翠娟 宋剑杰 李臻 赵海波◎编著

清華大學出版社
北京

内 容 简 介

本书是区块链智能合约开发初级教材，主要介绍了区块链基础与应用、智能合约平台等相关知识。全书共8章，内容包括区块链概述、区块链组成原理、区块链点对点通信、区块链的分布式共识、区块链的智能合约、区块链产业应用、区块链平台及区块链创新项目设计。

本书可用于"1＋X"证书制度试点工作中针对区块链智能合约开发职业技能等级考试的教学和培训，也适合作为高等院校应用型本科以及职业院校、技师院校的教材，同时适合作为从事区块链智能合约开发的技术人员的参考用书。

图书在版编目(CIP)数据

区块链基础与应用/徐翠娟等编著. —北京：清华大学出版社，2022.3（2023.1重印）
ISBN 978-7-302-60060-2

Ⅰ.①区… Ⅱ.①徐… Ⅲ.①区块链技术—教材 Ⅳ.①TP311.135.9

中国版本图书馆 CIP 数据核字(2022)第 023312 号

责任编辑：王 芳 李 晔
封面设计：刘 键
责任校对：韩天竹
责任印制：朱雨萌

出版发行：清华大学出版社
网 址：http://www.tup.com.cn，http://www.wqbook.com
地 址：北京清华大学学研大厦 A 座 **邮 编**：100084
社 总 机：010-83470000 **邮 购**：010-62786544
投稿与读者服务：010-62776969，c-service@tup.tsinghua.edu.cn
质量反馈：010-62772015，zhiliang@tup.tsinghua.edu.cn
课件下载：http://www.tup.com.cn，010-83470236
印 装 者：三河市天利华印刷装订有限公司
经 销：全国新华书店
开 本：185mm×260mm **印 张**：9.75 **字 数**：175 千字
版 次：2022 年 3 月第 1 版 **印 次**：2023 年 1 月第 2 次印刷
印 数：1201～2200
定 价：49.00 元

产品编号：093058-01

前 言

为了使区块链智能合约开发职业技能等级标准顺利推进，帮助学生通过区块链智能合约开发职业技能等级认证考试，北京中链智培科技有限公司组织专家编写了区块链智能合约开发系列教材，整套教材的编写遵循区块链智能合约开发的专业人才职业素养养成和专业技能积累规律，将职业技能、职业素养和工匠精神的培养融入教材设计思路。

本书以教育部《区块链智能合约开发职业技能等级标准》为编写依据，针对智能合约技术与开发的技能要求和知识要求，从行业的实际需求出发组织全部内容。

通过本书的学习，读者可以掌握区块链的基本概念和组成原理，掌握智能合约原理，熟悉区块链平台和产业应用。通过对相关知识的学习和配套实训的练习，读者可以理解区块链平台的原理、培养区块链平台操作技能，为今后开发大型区块链智能合约应用奠定扎实的理论与技术基础，为适应未来的工作岗位提供保障。

本书共8章，第1章介绍了区块链的定义、起源、发展历程和分类。第2章介绍了区块链组成原理，还包括区块链涉及的密码学知识。第3章介绍了区块链点对点通信。第4章着重讲述了区块链的分布式共识。第5章介绍了智能合约的原理和应用。第6章主要讲解了区块链在各领域的产业应用。第7章介绍了一些区块链的典型平台。第8章介绍了区块链创新项目设计的基本方法和流程。

哈尔滨职业技术学院徐翠娟、湖南科技职业学院宋剑杰、山东信息职业技术学院李臻、湖北科技职业学院赵海波编写了本书的具体内容。常州信息职业技术学院陶亚辉、北京智谷星图教育科技有限公司卢毅参与了部分章节的编写，为本书的编写提供了技术支持，并审校全书。

由于编者水平和经验有限，书中不妥及疏漏之处在所难免，恳请读者批评指正。

编 者

2021年8月

目　录

第1章　区块链概述

【本章导学】

在信息技术快速发展的背景下，数字经济已经成为新常态下我国经济发展的新动能，在数字经济或者信息社会的时代，一切有形资产都将进行数字化处理，丰富了数字经济所需要的数据要素。区块链是一种全新的信息网络架构，是新一代的信息基础设施，是新型的价值交换方式、分布式协同生产机制以及新型算法经济模式的基础。近年来，我国高度重视区块链技术及产业，2020年4月20日，国家发展和改革委员会明确将“区块链”纳入“新基建”的信息基础设施范畴；2021年，《中华人民共和国国民经济与社会发展第十四个五年规划和2035年远景目标纲要》中已明确将区块链列入数字经济重点产业。

区块链在数据共享、优化业务流程、降低运营成本、提升协同效率、建设可信体系等方面作用显著，通过与产业深度结合，推动产业转型升级、提质增效，创造新的价值增量，让实体经济加速商业智能化转型，推动我国数字经济步入更高的阶段。

【学习目标】

- 熟悉区块链的定义与特性；
- 熟悉区块链的发展历程；
- 掌握区块链的分类及不同分类的特点；
- 了解区块链的发展现状。

1.1　区块链的定义

1.1.1　什么是区块链

区块链技术雏形出现在比特币项目中，但是区块链并不等同于比特币，作为比特币背后的分布式记账平台，区块链是比特币背后的技术基础。

那么到底什么是区块链呢？区块链的定义有不同的表达方式，通常认为区块链是一种按照时间顺序将数据区块以顺序相连的方式组合而成的一种链式数据结构和以密码学方式保证不可篡改和不可伪造的分布式账本数据库。

我们可以从生活中理解区块链到底是什么。读者应该能注意到，现金在生活中的存在感越来越低，大到商场，小到水果摊，都可以使用微信或者支付宝二维码来支付，现金逐渐变成了线上支付的数字，而且大家都确信，这些数字确实代表着财富。微信或者支付宝相当于为用户记账的“账本”，所有用户的支出和收入都变成了数字，由“账本”记下来。也就是说，只要有一个可靠的账本，能够把账记清楚，哪怕是没有实体的钞票，整个交易系统也不会乱套。

传统的线上支付，虽然表面上看只是交易双方的直接交易，但实际上每一笔交易的背后都有一个第三方的交易中介，这个中介往往是一个值得信赖的权威机构，比如政府、银行或者一些大公司。这个中介也是一个交易信息的存储中心，负责记录系统中的每一次交易信息，并且把这些信息整理成一个巨大的账本，但是一旦这个中心被黑客攻击，账本被恶意篡改，整个系统就可能会因此陷入危机。举个例子，假设有小智、小谷和小王 3 人分别向银行存款 100 元，假设银行用账本分别记录了小智、小谷和小王的账本信息和操作记录。如图 1-1 所示为银行存储内容。

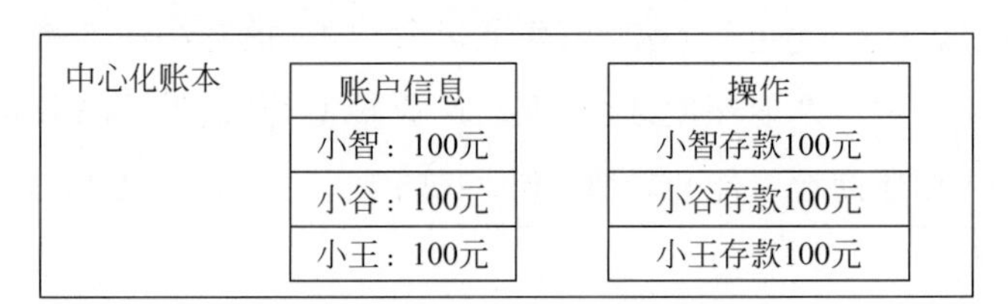

图 1-1　中心化账本的记账方式

如果小王通过银行向小谷发起转账，金额 50 元，那么转账成功后小王和小谷的账户信息会更新为 50 元和 150 元。如图 1-2 所示为转账后的数据存储形式。

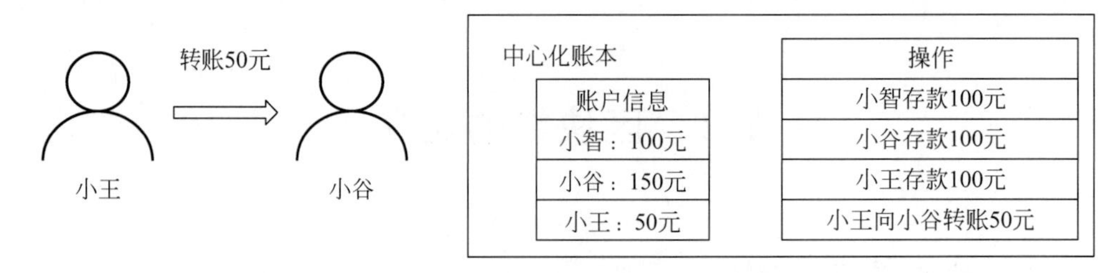

图 1-2　中心化账本转账记录形式

在这个过程中，虽然转账业务是针对小王和小谷，但是整个交易流程都是围绕银行展开的。若银行的中心化账本由于一些异常原因，例如异常事故、误操作导致小王向小谷的转账记录丢失，那么小王和小谷的账本信息将回滚至交易之前的100元，并且小王和小谷没办法通过其他方式证明这笔转账记录的存在。如图1-3所示为由于发生异常所致的数据存储变化情况。

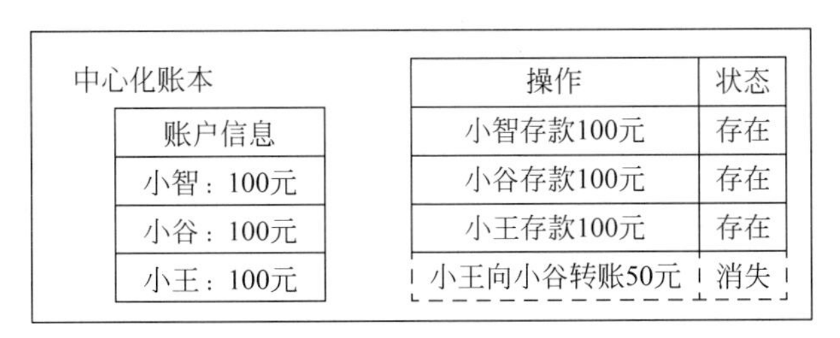

图1-3　中心化账本数据丢失数据存储情况

采用区块链技术可以很好地避免发生上述问题。基于区块链技术，小智、小谷和小王的账户信息和操作记录将由他们3个人通过去中心化的方式共同记录。在基于区块链业务平台中，并不存在这样一个传统的交易中心，因此整个交易系统也就没有从中心崩溃的风险。在区块链系统中，每一次交易都直接发生在交易双方之间，交易的双方会把交易信息广播到整个交易系统里，然后系统中的所有节点将把这些交易信息记录下来，整理成一个账目分明的“账本”，再把这个账本广播回系统，这样就使区块链系统中的“账本”不由一个单一的交易中心掌管，而是同时由系统中的所有参与者共同掌管，是去中心化的。除非黑客可以同时攻击系统中的所有节点，否则没有办法篡改或删除交易信息，因此保证了账本的安全。如图1-4所示为区块链业务场景的记账方式。

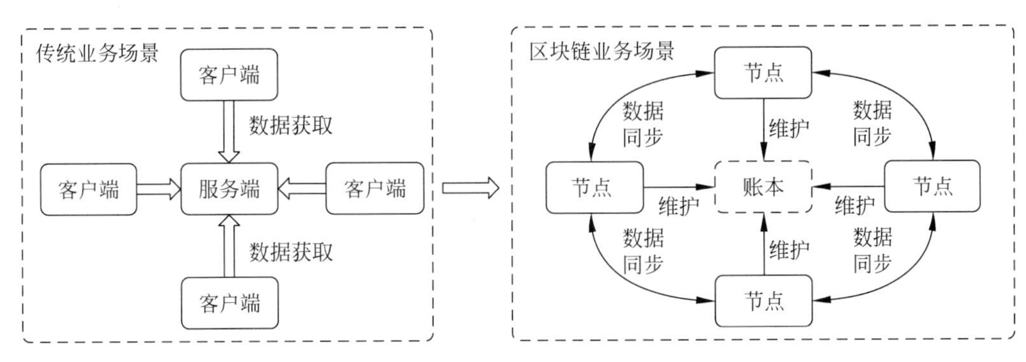

图1-4　区块链业务场景的记账方式

如图1-5所示为结合实际生活经常使用的移动支付(支付宝、微信支付)使用区块链的示例。

讲个通俗的故事，让大家理解区块链系统：从前有个古老的村落，这个村庄没有银行为大家存钱、记账，也没有一个让所有村民都信赖的村长来维护和记录村民之间

图 1-5　移动支付的区块链应用场景

的财务往来，即没有任何中间机构或者个人来记账。于是，村民想出了一个不需要中间机构或个人而是大家一起记账的方法。如何记账呢？打个比方：王二要给李四一千块钱。王二在村里大吼一声："大家注意了，我王二，给李四转了一千块钱。"附近的村民听到之后，需要做两件事，第一是通过声音判定这是王二喊的，而不是别人冒名顶替的；第二是检查一下王二是否有足够的钱（前提是每个村民都有一个账本记录村民有多少钱）。

当确定了王二真的有一千块钱后，每个村民都在账本上记录哪年哪月哪日王二转给李四一千块钱。除此之外，这些记账的村民口口相传，把王二转李四一千块这个事情，告诉了十里八村的人。当大家都知道这次转账的事情之后，大家就能够共同证明王二给李四转了一千块钱这个事儿了。

这样的话，一个不需要村长，却能够让所有村民都能达成一致的记账系统就诞生了。而这个记账系统的原理类似于比特币，是一个典型的区块链系统。

2008 年，中本聪（Satoshi Nakamoto）以比特币的模型，让区块链技术破壳而出，但区块链的技术并不局限于数字代币。作为一个在没有强大中介参与的情况下依旧安全可信的数据管理系统，区块链技术或许可以帮助人们解决金融、产权、公益、物联网等很多领域的问题，给整个社会带来翻天覆地的变化。

综上所述，区块链并不是新发明的一种技术，而是一系列学科和技术综合的结果，包括 IT 技术、通信技术、经济学、密码学、数学、博弈论等。这些学科和技术经过人类不断地总结和验证，最终碰撞并孕育出区块链技术。本书从狭义和广义两个角度总结了区块链的定义。

1. 狭义的区块链定义

区块链是一种块链式的数据结构，区块之间按照时间顺序相连，通过密码学方式保证数据不易篡改和不易伪造，并在网络所有节点进行分布式存储的共享账本。可见，狭义的区块链特指区块链技术体系中特殊的技术组成部分——具有“区块”+“链”结构的分布式账本，但是，狭义的区块链并不能完整描述区块链的技术体系。

2. 广义的区块链定义

区块链是利用块链式共享账本来验证与存储数据，利用 P2P 分布式节点共识算法来生成和更新数据，利用密码学的方式保证数据传输和访问的安全，利用由自动执行的脚本代码组成的智能合约来编程和操作数据的一种全新的分布式计算可信网络或计算公证网络。从广义区块链的描述可知，目前对区块链的解释是用区块链技术体系中比较特殊的组成部分——“共享分布式账本”来构建一个全新的计算架构与技术体系。

1.1.2 区块链特性

从技术上理解，区块链本质上是对包括加密、分布式账本等技术的整合创新，糅合多种技术的优势从而实现多方信任和高效协调。通常，一个成熟的区块链系统具备去中心化、防篡改可追溯、隐私安全保障以及系统高可靠四大特性。

1. 去中心化

传统的信息系统是中心化的，由专门的公司和专门的服务提供商提供服务。中本聪是一个充满理想主义的密码朋克成员，他看到了中心化系统的一些缺点，于是致力于开发去中心化系统。在去中心化系统中，并不存在拥有特权的中心节点，每个网络节点拥有的信息和权限都是一样的，称其为对等节点。对等节点组成的网络称为对等网络，也叫 P2P 网络。对等网络上运行的信息系统叫作分布式系统，比特币系统所依托的区块链就是一个分布式的数据库系统。而比特币本身从技术上来说，可以看作运行在这个区块链上的一个资产交易记录链。区块链基于 P2P 网络，使用分布式计算和存储，网络中的所有节点具有相同的权利和义务，区块链数据由具有维护功能的节点来自动共同维护。去中心化网络架构使区块链在节点自由进出的环境下，脱离了对第三方平台的依赖。

2. 防篡改可追溯

“防篡改”和“可追溯”可以被拆开来理解，现在很多区块链应用都利用了防篡改可追溯这一特性，使得区块链技术在物品溯源等方面得到了大量应用。

“防篡改”是指交易一旦在全网范围内经过验证并添加至区块链，就很难被修改或者抹除。前面提到区块链的共识算法，从设计上保证了交易一旦写入区块便无法被篡改；另一方面，成熟的区块链系统的篡改难度及花费都是极大的。

在此需要说明的是，“防篡改”并不等于不允许编辑区块链系统上记录的内容，只是以类似“日志”的形式将整个编辑的过程完整记录下来，且这个“日志”是不能被修改的。

“可追溯”是指区块链上发生的任意一笔交易都是有完整记录的，可以针对某一状态在区块链上追查与其相关的全部历史交易。“防篡改”特性保证了写入到区块链上的交易很难被篡改，这为“可追溯”特性提供了保证。

3. 隐私安全保障

区块链的去中心化特性决定了区块链的“去信任”特性：因为区块链系统中的任意节点都包含了完整的区块校验逻辑，所以任意节点都不需要依赖其他节点完成区块链中交易的确认过程，也就是无须额外地信任其他节点。“去信任”的特性使节点之间不需要互相公开身份，因为任意节点都不需要根据其他节点的身份进行交易有效性的判断，这为区块链系统保护用户隐私提供了前提。

区块链系统中的用户通常以公私钥体系中的私钥作为唯一身份标识，用户只要拥有私钥，就可以参与区块链上的各类交易，至于谁持有该私钥则不是区块链所关注的事情，区块链也不会去记录这种匹配对应关系，所以区块链系统知道某个私钥的持有者在区块链上进行了哪些交易，但并不知道这个持有者是谁，进而保护了用户隐私。

从另一个角度看，快速发展的密码学为区块链中用户的隐私提供了更多保护方法。同态加密和零知识证明等前沿技术可以让链上数据以加密形态存在，任何不相关的用户都无法从密文中读取到有用信息，而交易相关用户可以在设定权限范围内读取有效数据，这为用户隐私提供了更深层次的保障。

4. 系统高可靠

区块链系统的高可靠体现在以下两点。

(1) 每个节点对等地维护一个账本并参与整个系统的共识。也就是说，其中某一个节点出故障了，整个系统仍然能够正常运转，这就是为什么我们可以自由加入或者退出比特币系统网络，而整个系统仍然正常工作。

(2) 成熟的区块链系统支持“拜占庭容错”。传统的分布式系统虽然也具有高可靠特性，但是通常只能容忍系统内的节点发生崩溃现象或者出现不响应的问题，而系统一旦被攻克，或者说修改了节点的消息处理逻辑，则整个系统都将无法正常工作。区块链系统在容错性上允许部分节点有错误，但只要大部分节点是正确的，系统就能正常运行。

1.2 区块链的起源和发展历程

1.2.1 区块链 1.0

说到比特币的诞生，就不得不提到"中本聪"这个神秘人物。在 2008 年全球经济危机中，他发现美国政府可以无限增发货币，因为在这个体系里只有政府有记账权。中本聪觉得这样很不合理，于是他思考能不能有这样一种现金支付体系：不需要一个中心来记账，大家都有记账的权力，货币不能超发，整个账本完全公开透明，十分公平。这就是比特币产生的原因和动机。

相信你也已经看到了问题的所在。记账货币必须有一个记账方，这个记账方多数时候是银行或第三方支付机构等，这是一个中心化的记账方式。中心化是由银行或第三方支付机构的信用来担保的，如果银行受到类似黑客的攻击，数据就有可能被篡改，并且它高度依赖银行或第三方机构的信用，如果其失信，则存在不安全的可能。

如果由一个中心变为多个中心，由原来只能由银行记账，变成人人都能参与记账，是不是就可以化解这个问题呢？是的，这也就是"去中心化"概念的由来，也是中本聪发明比特币的由来。

比特币白皮书最早发布于"密码朋克"电子邮件组里，旨在实现在没有中心化机构记账的情况下，安全地进行比特币的发行、记账和激励。而比特币的底层技术，正是区块链技术。区块链的概念正是在比特币的白皮书中第一次被提出，实际上区块链的概念借鉴了诸多前人在去中心化思想上探索的经验，内容如下。

(1) 1992 年，英特尔的高级科学家蒂姆·梅(Tim May)发起了"密码朋克"邮件组。

(2) 1993 年，埃里克·休斯(Eric Hughes)出版图书《密码朋克宣言》(*A Cypherpunk's Manifesto*)，正式提出"密码朋克"(Cypherpunk)的概念。《密码朋克宣言》的发布，宣告着"密码朋克"正式成为了一项运动。

(3) 1997 年，亚当·贝克(Adam Back)发明了哈希现金(Hashcash)算法机制，其为比特币区块链所应用的关键技术之一。

(4) 1999 年，创立 Napster 的肖恩·范宁(Shawn Fanning)与肖恩·帕克(Sean Parker)开发了点对点网络技术。

(5) 2005年,哈尔·芬尼(Hal Finney)设计了工作量证明(Proof of Work,PoW)机制的前身——可复用的工作量证明(Reusable Proof of Work,RPoW)。

2008年,中本聪发表《比特币:一种点对点的电子现金系统》(*Bitcoin:A Peer-to-Peer Electronic Cash System*)。据统计,比特币诞生之前,失败的数字货币或支付系统多达数十个,其中不少"密码朋克"的活跃用户参与其中。这些失败的实验,也给了中本聪很多灵感和技术上的铺垫。2010年12月12日,中本聪最后一个帖子出现后,他消失了,之后再未现身。随后加文·安德烈森(Gavin Andresen)以首席科学家的身份接管了比特币网络。

后来,随着比特币在全球的发展,比特币在不同的国家受到不同的政策对待。一谈起比特币,人们就闻声色变。于是人们就想着用另外的词语来代替比特币底层技术。恰巧的是,人们把之前提到过的时间戳、工作量证明机制等技术综合起来,提出了"区块"和"链"的概念,对应的英文分别是Block和Chain,两个单词合并起来就组成了"区块链"(Blockchain),用来指代所有底层技术的集合。说到这里,读者应该明白,区块链不是一个单一的技术,而是一系列技术的集合。

1.2.2 区块链2.0

1. 以太坊的发展历程

下面来看看区块链2.0时代典型代表以太坊(Ethereum)的发展与智能合约。

说起以太坊,就不得不提它的传奇创始人,19岁就创建了以太坊的天才少年维塔利克·巴特林(Vitalik Buterin),人称"V神"。Vitalik在中学时和很多中学生一样,痴迷于一款网络游戏——《魔兽世界》,他经常沉迷在游戏世界中。直到有一天,当时的暴雪娱乐公司决定移除游戏的损坏部分,导致Vitalik最喜爱的游戏形象被碎化了。从这件事之后,Vitalik开始意识到中心化的弊端,这对他之后的行动和思想产生了深刻的影响。

高中毕业后,Vitalik进入了加拿大滑铁卢大学,攻读计算机专业,然而入学仅8个月后,由于学业让Vitalik无法全心投入到加密货币的探索中,他选择了辍学。辍学之后Vitalik便专心研究区块链技术,与此同时,他开始周游各国,结交各类加密货币技术极客,与全球的区块链爱好者一起交流,加入到比特币的转型工作中。

当时全球的比特币爱好者都在努力为比特币添加各种新功能,打造比特币2.0。也正是这个时候,Vitalik在为以太坊的诞生做准备。在Vitalik看来,出于安全的考虑,中本聪使用了复杂的脚本语言来编写比特币协议,从而导致了当时大多改良比特币的想法降低了比特币的安全性，使之更容易受到黑客的攻击。于是，Vitalik 决定重新打造一套图灵完备的区块链平台，让所有的开发者能在这个新平台上构建自己的区块链应用程序。

很快，在 2013 年底，Vitalik 便写出了以太坊的白皮书。他向比特币社区提出了自己的设想，试图将想法融入现有的比特币系统中来，然而被社区拒绝。随后，他开始招募开发者，进行以太坊的开发工作，并于 2014 年成立了非营利组织以太坊基金会。同年，Vitalik 获得了 2014 年的世界科技奖，赢得了来自硅谷著名风险投资人彼得·蒂尔(Peter Thiel)的 10 万美元奖金。

在 2014 年迈阿密举办的比特币会议中，Vitalik 宣布了以太坊计划，向全世界的加密货币爱好者展示了以太坊，得到了众多加密货币爱好者的认可和支持。

那么，以太坊究竟是什么，其发展如何呢？从 2013 年以太坊白皮书发布至今，以太坊在智能合约领域里一直处于非常领先的地位，到目前为止，它也是全球最知名、应用最广泛的区块链智能合约底层平台。

2. 以太坊的定义

作为一个软件系统，以太坊建立了一个可编程的、图灵完备的区块链。在这个区块链之上，可以通过简单的程序实现各类数字资产的生产，也可以通过编写程序对以太坊上流通的区块链资产的状态进行精确控制。比如：这个资产是待支付还是被锁定还是有额度限制，这个账户属于黑名单还是白名单，以太坊和其他数字资产的自动兑换等。同时，以太坊是一个可以编程、图灵完备的区块链网络基础，在这个基础上，人们能够实现更多的非区块链资产的功能。比如说用以太坊建立智能合约，应用在个人日常经济生活和企业经济活动中，这样的应用也是可以被实现的。

以太坊是建立在区块链和区块链资产的概念之上的一个全新开放的区块链平台。它允许任何人在平台上通过使用区块链技术建立和实现去中心化应用。

3. 智能合约的定义

事实上，智能合约并不是区块链原创的技术。1993 年，前乔治·华盛顿大学(George Washington University)的法学教授尼克·萨博(Nick Szabo)首先提出了智能合约的概念：智能合约(Smart Contract)是一种可以自动执行合同条款的计算机化的交易协议。尼克·萨博描述它是一种数字自动售货机，那个时候还没有区块链。

智能合约可以解释为：可以由信息化方式传播、验证或执行的计算机协议。我们可以把智能合约理解为区块链环境里一种在满足一定的条件时就可以执行的代码。例如，自动售货机就类似于一个智能合约系统，顾客向自动售货机投入足够的硬币，按下按钮，售货机接收到这个信息后，将一听可乐从出货口放出来，然后售货机回到最初的等待状态，等待下一次被触发。

智能合约允许在没有第三方的情况下进行可信交易，这些交易可追踪且不可逆转。智能合约使区块链的扩展性更强，且实现上更简洁。

在区块链领域，很多的公链都具有智能合约的功能，且实现方式各有不同。以太坊的智能合约是一个最重要的代表，它开启了区块链 2.0 时代，可以说以太坊是由区块链＋智能合约组成的。

1.2.3 区块链3.0

互联网的出现极大地降低了信息传递的成本，使信息以极低的成本在全球自由、迅速地传输，信息的交换变成了一件简单的事情。但互联网在给人们生活带来便利的同时，也暴露出种种弊端，例如高度中心化、信任缺失、价值垄断等。

区块链技术通过分布式账本、点对点传输、加密算法、共识机制等技术手段，解决了传统互联网存在的公平、信任和价值传递等问题，逐步实现从现阶段“信息互联网”到“价值互联网”的转变。

区块链价值的传递，不同于互联网的信息传递。互联网不依赖于某一机构或者某一国家而运行。在这个网络世界里可以很便捷地传送信息。不论是在美国，还是在非洲，甚至在太空上，只要有互联网，就能实现点对点的信息传递。互联网传递信息的方式是复制。例如某人手机里有一张照片，传给了朋友，其实不是送给了朋友，而是发给了他一份副本。照片传递给朋友之后，发送者手机里还有这张照片，而朋友手机里只是收到一张照片的副本而已。

互联网这种通过创建副本来传递信息的方式，在诸如版权、货币、票据等价值载体的传递中会出现问题。例如一份带有版权的文档，发送者将其传递给别人之后，自己不能保留一份。举一个例子，给别人转过去一笔钱后，发送者自己就不可能再拥有这笔钱。

价值传递和信息传递的区别在于：价值传递要求信息的传递与价值的转移同时进行。而区块链就是这样一个在没有中心化机构的情况下，能够实现全球范围的价值传递的技术。如同互联网将人类社会带入了信息时代一样，区块链有可能成千上万倍地加速人类资产的交换，人类社会将有可能会进入一个全新价值交换时代。

1.2.4 总结

区块链技术的起源和成长史，是价值互联的萌芽和发展史。最初，中本聪为了避免中介存在所产生的各种问题，提出了比特币电子支付系统，建立了一个全球共享、去中心化的分布式账本系统，出现了以比特币为代表的数字货币区块链 1.0 时代。

随着时间的演进，区块链技术早已不仅有单纯的数字货币发行和投资功能，以太坊和智能合约开启了区块链的 2.0 时代。以太坊搭建了一个可以共享的开源区块链底层技术的平台，它的出现使区块链的技术应用得到了极大发展，不但是数字货币，所有的区块链应用都可以更快地实现落地。

而在这个即将到来的智能价值互联时代，区块链将渗透到生产生活的方方面面，充分发挥审计、监控、仲裁和价值交换的作用，确保技术创新向着让人们的生活更加美好、让世界更加美好的方向发展。

1.3 区块链的分类

根据网络范围及参与节点特性，区块链可被划分为公有链、联盟链、私有链 3 类。

1.3.1 公有链

公有链中的“公有”，就是指任何人都可以参与区块链数据的维护和读取，不受任何单个中央机构的控制，数据是完全开放透明的。它是所有人都可以参与并对其进行访问、发送、接收、认证交易操作的区块链网络，例如比特币和以太坊。

在公有链系统中，每个人都可以参与到共识过程。比如说你参加一个辩论赛，辩题是：隔壁老王是不是一个花心大萝卜。所有人都有权利参加这个辩论赛，没有人可以干涉你的发言，并且每个人都有权利访问隔壁老王的“婚恋史”。更重要的是，你是匿名的，所以不用担心老王会来报复你。一旦有 51% 的人答案是肯定的，那么辩论赛将以“老王是一个花心大萝卜”结束，并且他将终生贴上花心大萝卜的标签。

也就是说，公有链系统是完全去中心化的，没有中心机构管理，依靠事先约定的规则来运作，并通过这些事先约定好的规则在不可信的网络环境中构建起可信的网络系统。公有链的适用范围一般是需要公众参与、需要最大限度保证数据公开透明的系统，例如数字货币系统等。

但是公有链也有一些缺点。

在效率方面，一般来说，在公有链中，每个区块都需要等待若干基于它的后续区块的生成，才能够以可接受的概率被认为是安全的。但是大多数企业认为这样效率太低，根本无法接受。

在隐私方面，公有链上传输和存储的数据都是公开可见的，这对于某些涉及大量商业机密和利益的业务来说是不可接受的。另外，在现实世界中，很多业务（比如银行交易、贷款）都有实名制的要求，因此在需要实名制的情况下，当前公有链系统的隐私保护机制确实令人担忧。

在激励方面，为促使参与节点提供资源，自发维护网络，公有链一般会设计激励机制，以保证系统健康运行。但在现有的大多数激励机制下，需要发行类似于比特币这类数字货币，不一定符合各个国家的监管政策。

1.3.2 联盟链

联盟链就是共识过程受到预选节点控制的区块链，由一个联盟组织构成并对其进行管理，写入需要授权接入，共同维护区块链的健康运转。联盟链通常在多个相互已知身份的组织之间构建，比如多个银行之间的支付结算、多个企业之间的物流供应链管理、政府部门之间的数据共享等。因此，联盟链系统一般都需要严格的身份认证和权限管理，节点的数量在一定时间段内也是确定的，适合处理组织间需要达成共识的业务。联盟链的典型代表是 Facebook 联合多家机构发行的 Facebook Libra。

例如，三家公司各有一个单身俱乐部，如果要组织三个单身俱乐部参加一次活动，需要两家俱乐部同意，这个活动才能进行。并且这三个俱乐部的个人信息，有可能允许每个人看到，也可能让某一家看不到。所以联盟链只是部分去中心化，因为每个联盟都存在自己的中心化。

在效率方面，联盟链的效率较公有链有很大提升。联盟链参与方之间互相知道彼此在现实世界的身份，支持完整的服务管理机制，成员服务模块提供成员管理的框架，定义了参与者身份及验证管理规划；在一定的时间内参与方个数确定且节点数量远小于公有链，对于要共同实现的业务在线下已经达成一致理解。

在隐私方面，联盟链和公有链相比，有更好的安全隐私保护。数据仅在联盟成员内开放，非联盟成员无法访问联盟链内的数据；即使在同一个联盟内，不同业务之间的数据也进行一定的隔离。不同的厂商也会做大量的隐私保护增强，比如华为公有云的区块链服务提供了同态加密，对交易金额信息进行保护；通过零知识证明，对交易参与方身份进行保护等。

在激励方面，联盟链不需要代币进行激励。因为联盟链中的参与方为了共同的业务收益而共同配合，各自贡献算力、存储和网络的动力，所以它一般不需要通过额外的代币对成员进行激励。

1.3.3 私有链

私有链与公有链是相对的概念，属于联盟链的一种特殊形态。所谓私有就是不对外开放，仅仅在组织内部使用。即联盟中只有一个成员，比如企业内部的票据管理、账务审计、供应链管理，或者政府部门内部管理系统等。私有链通常具备完善的权限管理系统，要求使用者提交身份认证。

例如，一个婚恋平台建立了一个优质交友社群，只有每个月缴纳一万元会费的人才有权加入。在社群中可以了解每个人的交友意向和个人能力，这些资料不可以对外公开，但必须是真实可靠的。也就是说，在私有链环境中，参与方的数量和节点状态通常是确定的、可控的，且节点数目要远小于公有链。

在效率方面，私有链规模较小，同一个组织内已经有一定的信任机制，即不需要对付可能捣乱的坏人，确认和写入效率较公有链和联盟链都有很大的提高，与中心化数据库的性能相当。

在隐私方面，私有链大多在一个组织内部，因此可以充分利用现有企业的信息安全防护机制，同时信息系统也是组织内部信息系统，相对联盟链来说隐私保护要求弱一些。相比传统数据库，私有链的最大好处是加密审计和自证清白，没有人可以轻易篡改数据，即使发生篡改也可以追溯到责任方，并且不需要通过额外的代币进行奖励。

1.3.4 对比与总结

如表 1-1 所示，可以从参与者、共识机制、激励机制以及中心化程度等方面对公有链、联盟链和私有链进行比较。

表 1-1 公有链、联盟链和私有链的比较

	公 有 链	联 盟 链	私 有 链
参与者	任何人自由进出	联盟成员	链的所有者
共识机制	POW/POS	分布式一致性算法	SOLO/PBFT 等
记账人	全网参与者	联盟成员协商确定	链的所有者
激励机制	需要	可选	无
中心化程度	去中心化	多中心化	强中心化
基本特点	信用的自创建	效率和成本优化	安全性高、效率高
承载能力	＜100 笔/秒	＜10 万笔/秒	视配置决定
典型场景	加密货币	供应链金融、银行、物流、电商	大型组织、机构
代表项目	比特币、以太坊	R3、Hyperledger	

表 1-1 中出现了许多专有名词，如下为针对专有名词的解释。

(1) 共识机制：在分布式系统中，共识是指各个参与节点通过共识协议达成一致的过程。

(2) 去中心化：是相对于中心化而言的一种成员组织方式，每个参与者高度自治，参与者之间自由连接，不依赖任何中心系统。

(3) 多中心化：多中心化是介于去中心化和中心化之间的一种组织结构，各个参与者通过多个局部中心连接到一起。

(4) 激励机制：鼓励参与者参与系统维护的机制，比如比特币系统对于获得相应区块记账权的节点给予比特币奖励。

总结以上内容，公有链具有开放性，任何人都可以自由地进出，联盟链核心的记账权属于联盟成员，私有链的记账权归属于链的所有者；在共识机制方面，公有链一般是类似抽签式的共识，联盟链由于节点相对固定，共识机制一般为投票式共识；公有链的记账人是全网参与者，联盟链的记账人是由联盟成员协商确定，而私有链的记账人是链的所有者；在激励机制方面，公有链需要激励机制，联盟链可以要也可以不要激励机制，私有链不需要激励机制；公有链是去中心化的，联盟链是弱中心化的，而私有链是强中心化的；公有链的特点是信用的自创建，联盟链的特点是效率和成本优化，私有链的特点是安全性高、效率高。

1.4 区块链的发展现状

1.4.1 国家政策

我国对于区块链这一新兴技术相继出台了相关政策。2016 年 10 月，工业和信息化部发布《中国区块链技术和应用发展白皮书(2016)》。同年 12 月，国务院印发《"十三五"国家信息化规划》，首次将区块链技术列入国家级信息化规划内容。

2017 年 1 月，国务院办公厅发布的《关于创新管理优化服务培育壮大经济发展新动能加快新旧动能接续转换的意见》提到了区块链和其他技术交叉融合，构建若干产业创新中心和创新网络。

2018 年 5 月，工业和信息化部发布了《2018 年中国区块链产业白皮书》。同年 6 月中央电视台财经频道《对话》栏目播出中国国际大数据产业博览会现场"对话区块链”节目，提出了三大观点。

(1) 区块链是互联网的第二个时代；

(2) 区块链的价值是互联网的十倍；

(3) 区块链是制造信任的机器。

2019 年 1 月，国家互联网信息办公室发布《区块链信息服务管理规定》，为区块链信息服务的提供、使用、管理等提供法律依据。同年 10 月 24 日，中央政治局就区块链技术发展现状和趋势进行第十八次集体学习。

中共中央总书记习近平在主持学习时强调，区块链技术的集成应用在新的技术革新和产业变革中起着重要作用。我们要把区块链作为核心技术自主创新的重要突破口，明确主攻方向，加大投入力度，着力攻克一批关键核心技术，加快推动区块链技术和产业创新发展。

硅谷洞察在 2019 年初发布的报告《2019 全球区块链产业应用与人才培养白皮书》中提到，区块链和政府行业的结合点在于提高效率，减少官僚主义带来的障碍，减少代理商之间的摩擦以及通过智能合约促进自动化。

1.4.2 各国发展

随着区块链逐渐成为“价值互联网”的重要基础设施，很多国家都积极拥抱区块链技术，开辟国际产业竞争新赛道，抢占新一轮产业创新的制高点，以强化国际竞争力。根据 IBM 区块链发展报告数据显示，全球约有 90%的政府正在规划区块链投资，并在 2018 年进入实质性阶段。

作为区块链技术的前沿阵地，美国将区块链上升到“变革性技术”，成立国会区块链决策委员会，不断完善与区块链技术相关的公共政策。

欧盟努力把欧洲打造成全球发展和投资区块链技术的领先地区，建立“欧盟区块链观察站及论坛”机制，加快研究国际级“区块链标准”，并为区块链项目提供资金。

韩国将区块链上升到国家级战略，全力构建区块链生态系统，推出“I-Korea 4.0”区块链战略，计划在物流、能源等核心产业内展开试点项目。

随着全球区块链发展的政策、技术和应用环境不断优化，新兴信息技术的发展和应用不断加速，各国抢占未来前沿领域技术优势的力度空前加大，国际竞争将更加复杂和激烈。

1.4.3 企业发展

在这十几年里，区块链技术从概念走向实际应用，越来越多的资金流向区块链的创业企业及相关领域的创新项目。从上市公司到初创企业,从商业领袖到技术大咖,区块链因其去中心化、防篡改可追溯等特性吸引着人们纷纷投身到这一新兴的技术领域。国际金融巨头早已深度布局区块链。

例如阿里巴巴在区块链领域已经布局数年,在金融领域、物流、电商诸多领域齐发力。阿里巴巴更是在一年一度的“双 11”全民购物狂欢节中,将新兴的区块链技术与传统电商平台结合,正式上线蚂蚁区块链商品溯源功能,在售卖假货、交易失信、消费者信息泄露频繁的今天,为我们的购物保驾护航。

在这次电商的变革中,商品不再由商家自主录入信息,而是用区块链技术将商品溯源系统数据上链,实现数据透明、共享且不可篡改。阿里巴巴自建的这套溯源体系通过蚂蚁区块链技术将商品溯源系统数据以联盟形式上链,相较于公有链及私有链更具备隐私性和可信度,充分加强了跨境电商平台买卖双方的信任感,有效促进了更多商品的交易。这次大规模的尝试对整个电商行业都起到了积极的推进作用。

除了大家熟知的阿里巴巴,还有其他行业的巨头公司,也早已在区块链领域默默布局。不管是国内的华为、小米、网易,还是国外的亚马逊、谷歌、微软等公司,在区块链领域都已占有一席之地。比如,华为推出华为云区块链 BCS,小米推出加密兔,网易推出网易星球等。而谷歌、微软早在多年前就开始投资区块链创业公司,包括以太坊、Ripple 等。小米早在 2017 年 4 月就宣布启动基于区块链技术的数据营销协作技术,同时在招聘平台发布了招募区块链相关人士(包括区块链专家、资深区块链开发工程师等)的消息。腾讯、华为、苏宁等大公司也纷纷颁布了自己的区块链白皮书,并发布了自己的 BaaS 平台。

不仅仅是大公司,各大银行也纷纷跻身区块链的大浪潮中,中国人民银行直属的中国印钞造币总公司在杭州成立了中钞区块链技术研究院,布局区块链,研究央行法定数字货币。中国银联、中国工商银行、中国农业银行和中国交通银行也首批加入银行间市场区块链技术研究组,致力于银行间市场区块链技术、监管及法律框架的前瞻性研究以及与 R3 等国际区块链联盟的联系。截至 2018 年 7 月,已有 14 家商业银行“触链”,涉及 25 个应用场景。其中,融资、数字票据和跨行支付 3 个场景应用范围最广,参与银行最多。

大量主流金融机构都在有限尝试各区块链应用。华尔街投行是区块链金融应用的积极探索者,摩根大通和高盛还推出了自有区块链平台,正在积极构建基于自由区块链平台的新金融生态。

第2章 区块链组成原理

【本章导学】

根据第1章所学内容，区块链是一种按照时间顺序将数据区块以顺序相连的方式组合而成的链式数据结构和以密码学方式保证不可篡改和不可伪造的分布式账本数据库。

区块链中所谓的“账本”，其作用和现实生活中的账本有相通之处，按照一定格式记录流水等交易信息。随着区块链的发展，记录的交易内容由各种转账交易扩展到各个领域的数据。其实，任何导致数据变动的行为都可以理解为是交易。从这个角度，区块链记录的就是一系列有顺序的交易。

根据上面的定义，可以将区块链理解为一种“分布式记账”的技术，区块链记录的就是一系列有顺序的交易。每个节点或者说记账人都会在本地维护一个由区块组成的链式结构，每个区块里面包含了这些交易信息。节点和节点之间通过点对点网络进行通信，通过分布式共识机制对区块链上的内容达成共识。通俗的比喻就是，每个人在本地有一个小账本，每个账本由一系列账页组成，账页上记录的是交易，大家通过点对点网络进行通信，对账本上记什么内容来达成共识。

本章将围绕区块链的基本概念、链式结构的含义、分布式账本存储以及涉及的基础技术（如哈希、非对称加密）进行讲解。

【学习目标】

- 熟悉区块的基本概念和内部结构；
- 掌握哈希函数的原理以及具体的应用案例；
- 理解非对称加密算法技术的基本原理以及应用场景；
- 熟悉区块链账户的结构以及典型应用案例。

2.1 区　　块

2.1.1 区块的基本概念

从字面上理解，可以将区块链拆分成“区块”和“链”两个部分。区块链的区块和链分别是什么？它们的构成对区块链起到什么样的作用？简单来说，区块链由一个区块链接另一个区块组成，如图 2-1 所示为“区块”和“链”的图形化显示。

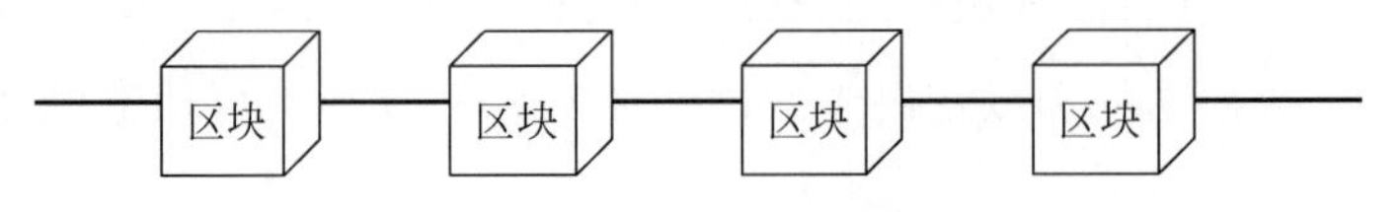

图 2-1 “区块”和“链”的图形化显示

根据图 2-1，区块链是由包含交易信息的区块从后向前有序链接起来的数据结构。区块被从后向前有序地链接在这个链条上，每个区块都指向前一个区块，所以区块链本质上是一种链表。从金融的角度理解，区块链可以比作一个账簿，那么区块就是账簿里的账页。一个账簿由多个账页组成，每一个账簿记录了一定量的交易信息，交易信息的多少将取决于账页的格式和大小等因素。如图 2-2 所示为普通账本的显示内容，区块与普通账本类似，存储了一定量的交易数据，区块的大小决定了交易数据的多少。

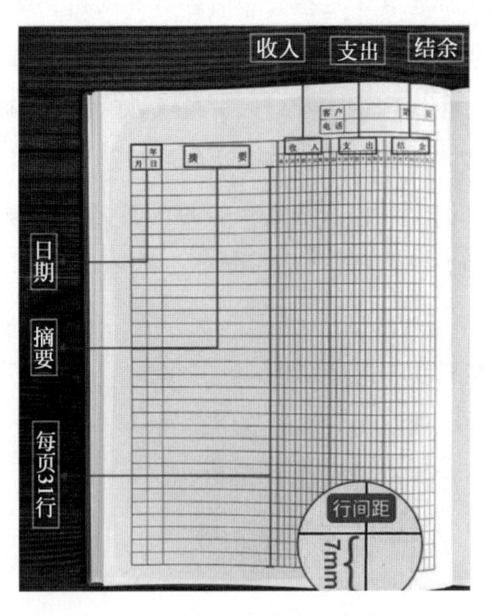

图 2-2 普通账本显示内容

更具体地，可以认为在区块链中有“账本”的概念，即存有所有区块链数据并被所有节点共享，“区块”就是这个账本中的“账页”，那么将“账页”进行整合就形成了一个完整的“账本”，从而存储区块链中完整的数据。由于在整个区块链网络中，所有参与网络的节点共同维护同一份“账本”，那么“账本”中的“账页”也将被所有节点存储，区块链的节点在存储区块链数据时实际上存储的是一个个区块（如图 2-3 所示）。需要说明的是，“账本”存有所有相关数据的内容，所有网络节点都会同步这个账本数据。

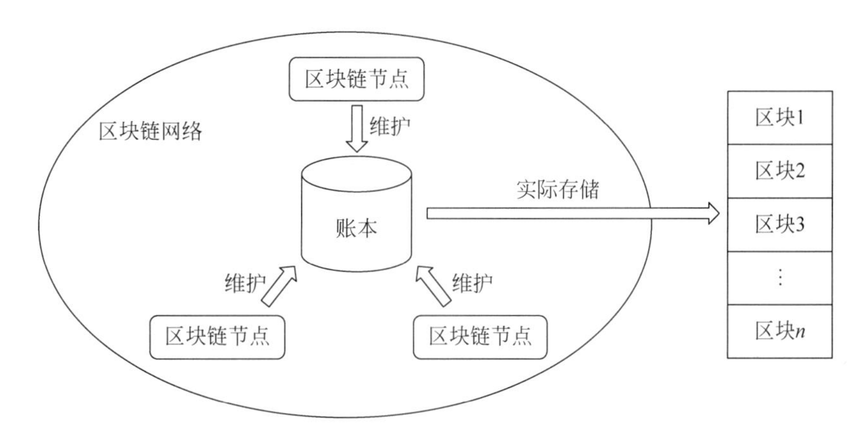

图 2-3　区块链账本、区块与节点存储的关系

基于以上内容，可以理解区块本质上是区块链的基本元素，也是区块链在数据存储方面最典型的特征，与人们传统所认知的数据存储方式不同，区块链技术将数据按一定的先后顺序进行排序后分别存储进入不同的区块中。图 2-4 为数据分别在传统中心化数据库与区块链中存储的比较。假设目前有 10 000 条数据需要存储，传统数

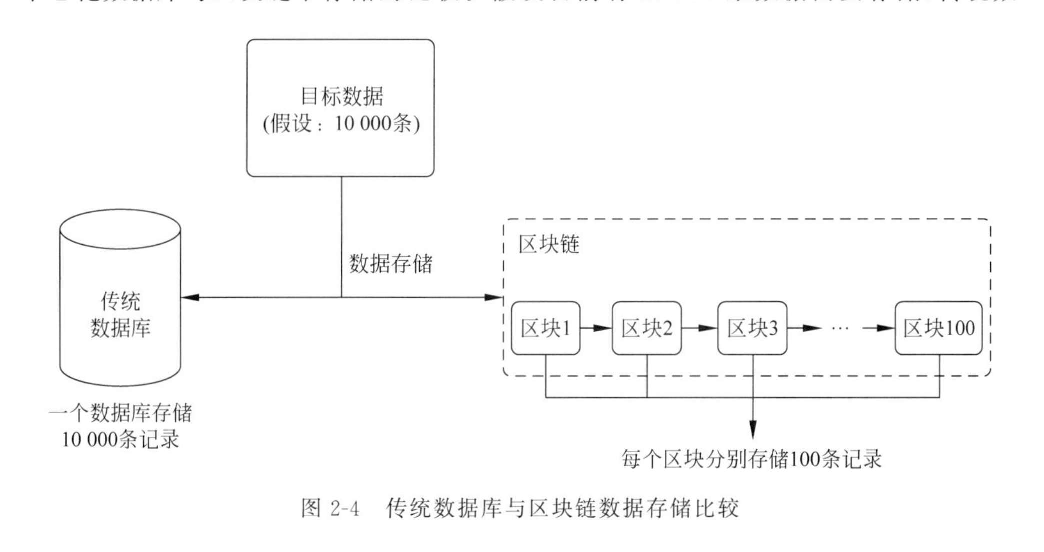

图 2-4　传统数据库与区块链数据存储比较

据库将以中心化的方式将10 000条数据统一存于数据库中，区块链则会以区块的方式对数据进行打包存储，每个区块存储目标数据的一部分，若按每100条数据打包成一个区块来计算，那么10 000条数据区块链将产生100个区块来存储。

2.1.2 哈希函数

1. 哈希函数的概念

哈希函数（又称散列函数）在区块链数据存储中起着至关重要的作用，作用是把任意长度的输入通过哈希函数变换成固定长度的输出。换句话说，哈希函数是一种从任何一种数据中创建小的“数字指纹”的方法。

哈希值通常用一个短的随机字母和数字组成的字符串来代表。哈希函数有很多种，SHA256是比特币区块链上使用的哈希函数。如图2-5所示为典型的哈希函数SHA256使用示例。

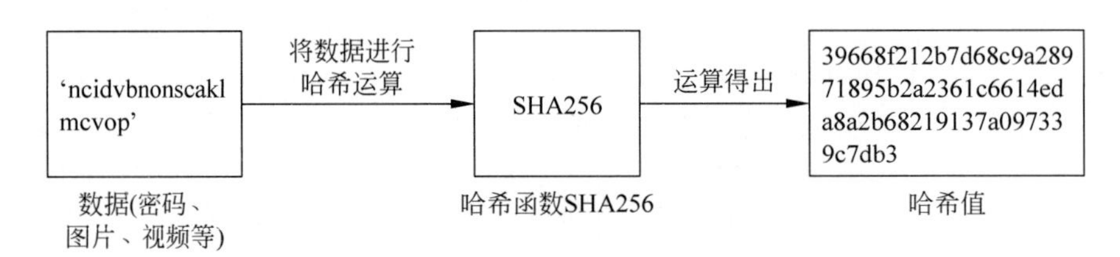

图2-5 典型的哈希函数SHA256使用示例

2. 哈希函数的使用案例

哈希函数的应用一直发生在我们周围。例如，在一个网站注册账号时会提交用户名和密码。在存储这类数据时，网站会把用户名直接保存到网站公司的数据库中，但是密码一般不是直接保存的，而是先把密码转换成为哈希值，类似于“数字指纹”。通过这种方式，即使是公司后台管理人员，也拿不到你的密码。即使公司数据库泄露，用户的密码依然是相对安全的。而当用户登录网站的时候，输入密码提交到服务器，在服务器上进行相同的哈希运算，因为输入数据没变，所以哈希值不会变，登录也就成功了。

3. 哈希函数的特性

哈希函数有两大特性，分别为单向性和唯一性。

单向性（不可逆性）指通过哈希函数生成的哈希值无法反推导出原始值，如图2-5所示，数据的生成导向永远是原始数据向哈希值，不可能通过哈希值生成原始数据。通过此特性能够有效保护数据，例如，在之前的使用案例中即使网站的数据库被黑客攻破，信息泄露，但是由于密码通过哈希值保存，黑客无法获取真实密码，从而保证数据安全。

唯一性又指不冲突性，指任意两个内容不同的原始数据使用哈希函数转换为哈希值时，哈希值能够保证不等。通过这一特性能够确保所有原始数据通过哈希转换后“数字指纹”唯一，从而确保可以被哈希值唯一标识。

4. 哈希函数的实训

本节将运用智谷区块链沙箱平台（登录 http://env.zhiguxingtu.com/，选择智谷区块链沙箱）让大家实际感受哈希函数的使用方式。平台设有多个训练任务，在进行哈希函数实训前大家可以先学习预置的任务，熟悉区块链沙箱平台的使用。

1）实训一：哈希函数简单实训

实训目的：通过使用平台哈希模块，理解哈希函数的使用原理，并掌握原始输入与哈希值输出的一对一关系。

实训步骤：第一步，登录沙箱平台，使用快捷方式生成 HASH 与 TEXT 模块，连接两个模块，具体结果如图 2-6 所示。第二步，在 TEXT 中输入任意内容，单击 HASH 模块查看输出，具体结果如图 2-7 所示。

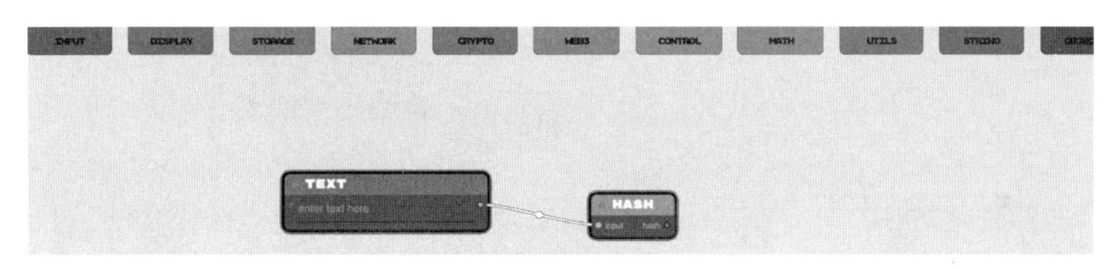

图 2-6　哈希函数的模块连接

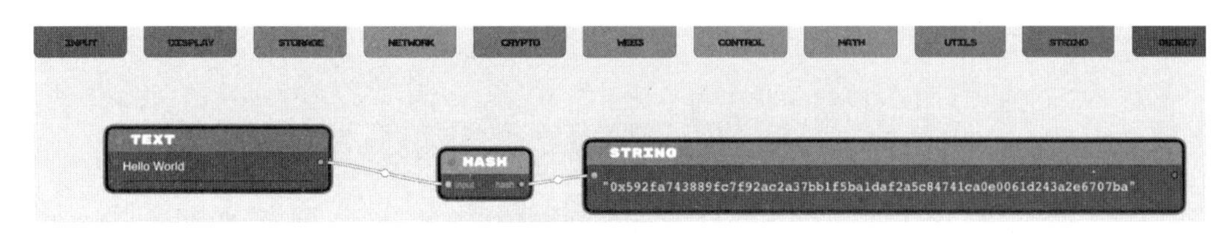

图 2-7　哈希函数简单使用完整示例

实训结果：通过修改 TEXT 模块得到不同的原始数据，查看经过 HASH 模块转换得到的输出内容。

2）实训二：数据合并的哈希转换实训

实训目的：任意数据通过哈希函数都可以转换为指定的哈希值，那么可以将上次哈希函数得到的哈希值作为原始数据输入下一次哈希转换的输入，从而实现类似于

“哈希树”的部分数据生成过程。

实训步骤：第一步，按照“实训一”的步骤得到两个哈希值，如图 2-8 所示。第二步，使用 STRING 模块中的 COMBINE 子模块，合并得到的哈希值输入，如图 2-9 所示。第三步，使用 HASH 模块将合并内容作为原始数据转换生成为新的哈希值，如图 2-10 所示。

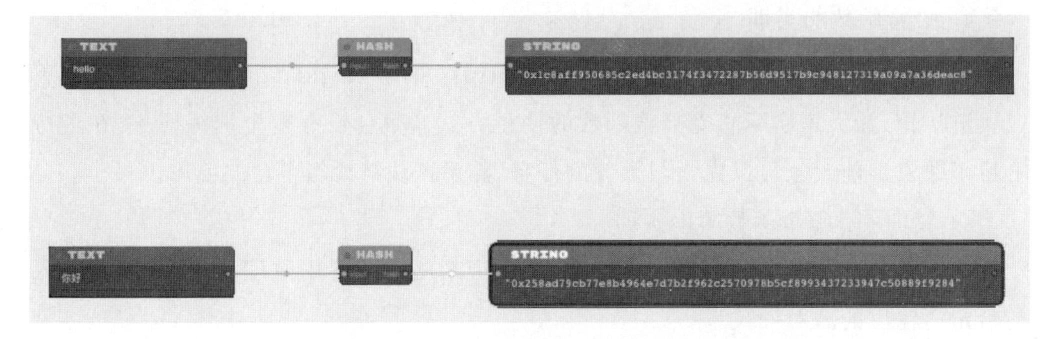

图 2-8　原始数据通过哈希函数的转换示例

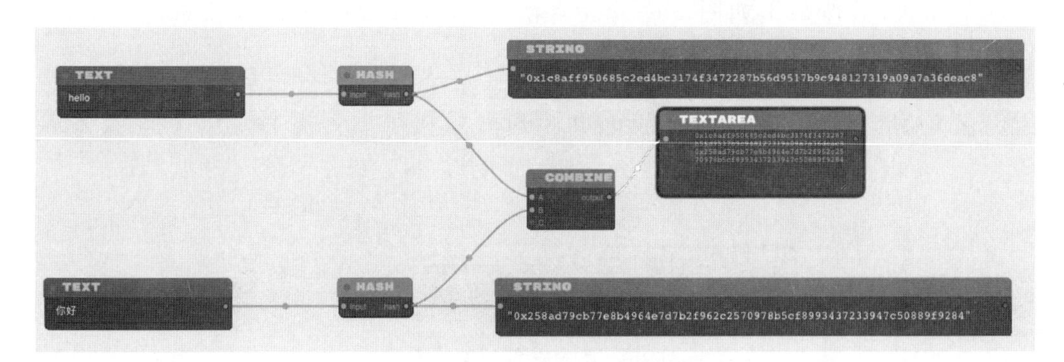

图 2-9　哈希函数输出的合并示例

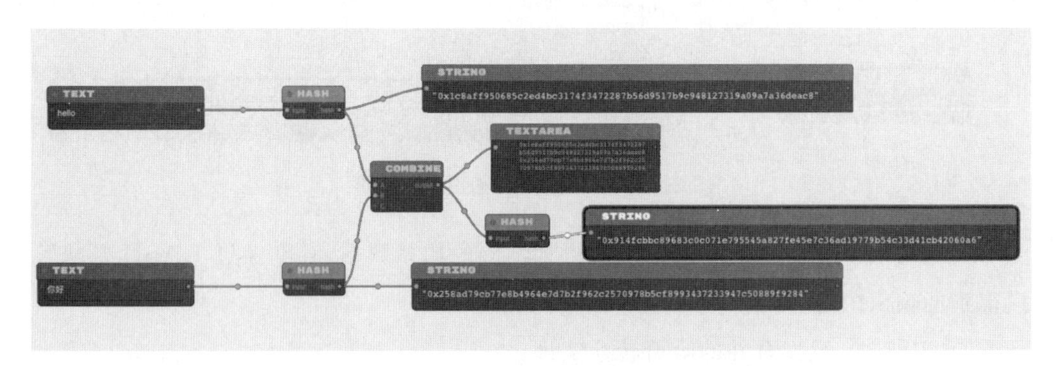

图 2-10　数据合并后的哈希函数输出示例

实训结果：通过修改两个 TEXT 模块的输入信息，观察最后合并的哈希值内容，进一步理解哈希函数的使用。在实际使用哈希函数时，往往会将多个哈希函数进行整合，从而将多个输入值作为原始数据得到唯一的哈希值作为“数据指纹”。

3）实训三：将文件作为原始输入作哈希函数转换实训

实训目的：哈希函数不仅可以转换字符串等输入信息，还可以基于文件等大型原始数据生成对应的哈希值作为“数据指纹”。

实训步骤：第一步，在 INPUT 模块中找到 UPLOAD 模块，新建 HASH 模块与 UPLOAD 模块连接，如图 2-11 所示。第二步，通过 UPLOAD 模块上传文件，单击 HASH 模块，得到输出的哈希值，如图 2-12 所示。

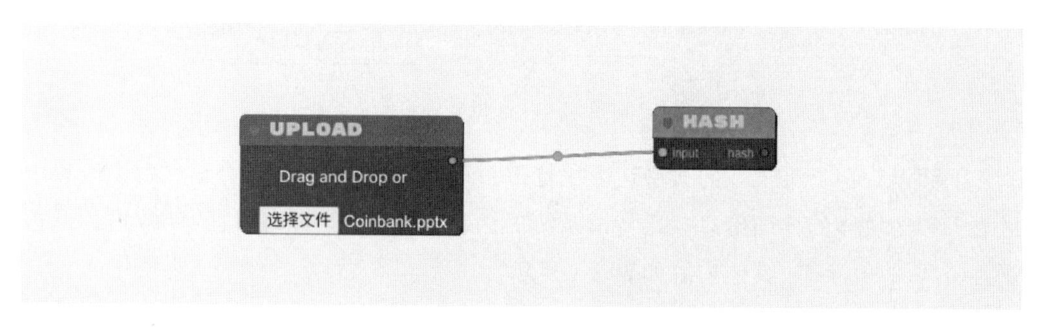

图 2-11　文件上传的哈希函数准备工作

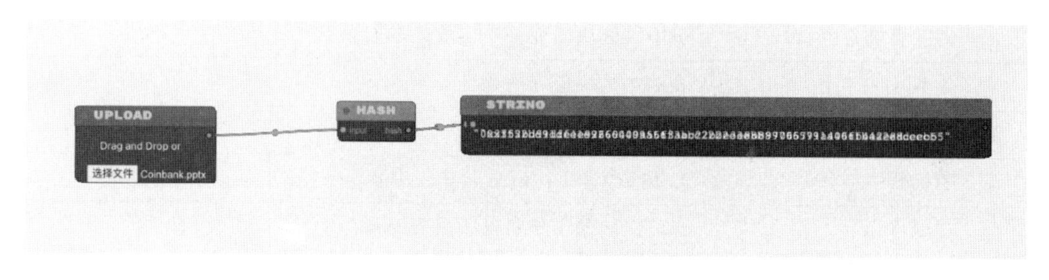

图 2-12　上传文件的哈希函数转换示例

实训总结：哈希函数不仅可以实现对于普通文字的哈希转换，生成哈希值，还可以针对大型文件实现哈希转换，在使用时更加灵活。

2.1.3　区块的内部剖析

区块由区块头（Block Header）和区块体（Block Body）两部分组成。区块头记录元数据（Metadata），也叫特征值，例如，区块的唯一标识（默克尔树根）、时间戳、难度、随机数等信息都存于区块头中。区块体用来存储封装到该区块的实际数据。其中实际数据可以是账户间的交易信息，例如，在比特币区块链系统中区块体存储的是实际账本间交易的详细信息，在以太坊区块链系统中则可以存储智能合约相关的数据，这些数据内容在区块链里被统一定义成一条条交易(Transaction)，每个区块里包含了若干条交易数据，可以说交易信息是区块链数据存储的最小单元，也是区块链中不同区块的重要特征，如图 2-13 所示为账本、区块和交易的关系内容。

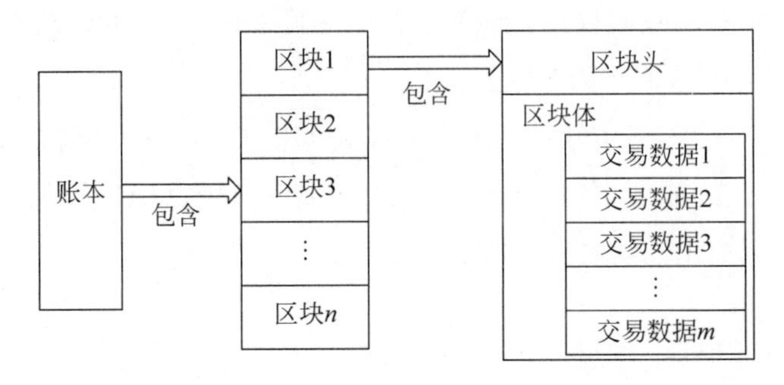

图 2-13　账本、区块和交易的关系

下面以数字货币 1.0 的典型代表比特币系统的区块为例，详细介绍在每个区块中区块头和区块体的详细信息。比特币系统的区块头记录了当前区块的元数据。元数据占用区块 80 字节，具体内容如表 2-1 所示。

表 2-1　比特币系统区块头内容

数　据　项	说　　明	大小(B)
父区块哈希值	引用该区块的前一个区块的哈希值	32
版本号	表示本区块遵守的验证规则	4
时间戳	该区块产生的时间	4
随机数	32 位数字(比特币是以 0 开头)	32
难度目标	当前区块的工作量证明目标难度	4
默克尔树根	基于当前区块中所有交易的哈希值	4

1. 前一个区块的哈希

前一个区块的哈希(Previous Block Hash)简称“前块哈希”，也可以称作为“父区块哈希”。每个区块的区块头都包含着前一个区块的哈希。可以理解为每一个区块都包含上一个区块信息的“数字指纹”，从而使新的区块数据有序地排列在上一个区块数据的后面。这样把每个区块链接到各自父区块的哈希就创建了一条一直可以追溯到第一个区块(创世区块)的链条。图 2-14 为区块中的使用示例。

2. 时间戳

每个区块的区块头包含了时间戳(Timestamp)。时间戳能表明此区块生成的时

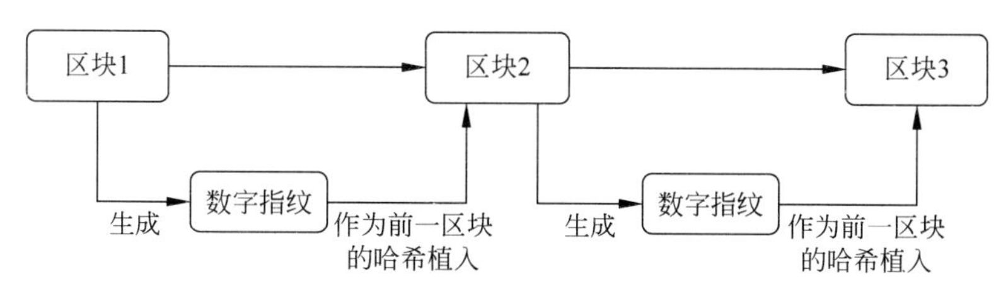

图 2-14 前一区块哈希使用示例

间，同时也能为区块体含有的每一笔交易数据打上时间标记。

3. 默克尔树根

区块头里的默克尔树根（Merkle root）归纳了所在区块体含有的所有交易，形成了整个交易数据集合的"数字指纹"。前面介绍的前块哈希让每一个区块都能包含上一个所有区块信息（包括区块头和区块体）的数字指纹，那么默克尔树根可以理解成区块体里所有交易数据结合在一起产生的总的数字指纹。具体内容将在后续章节中展开介绍。

4. 随机数

随机数（nonce）是在区块头中随机生成的数字，它的存在与以比特币为代表的挖矿和安全息息相关。

除了上述介绍内容以外，区块头中还包括版本号、难度目标等。总的来说，可以将这些信息分为 3 组。

（1）父区块哈希值是父区块的地址信息，这组数据用于将当前区块与前一区块相连，形成一条起始于创世区块且首尾相连的区块"链条"；

（2）版本号、时间戳、随机数、难度目标等数据项都与共识机制有关，是决定共同难度或者达成共识之后写入区块的信息；

（3）默克尔树根是当前区块链所有交易经过哈希运算后得到的结果，可以用于唯一标识这个区块。

基于以上区块头的信息，每个区块会使用哈希算法生成这个区块的唯一标识。如图 2-15 所示为比特币系统第一个区块的数据内容。

基于以上内容，可以得出区块的整体结构，如图 2-16 所示。

2.1.4 链式结构与区块高度

在区块链系统中，数据在以区块的形式打包存储时并不是独立的，每两个区块之

Block 1

Hash	00000000839a8e6886ab5951d76f411475428afc90947ee320161b...
Confirmations	672,247
Timestamp	2009-01-09 10:54
Height	1
Miner	Unknown
Number of Transactions	1
Difficulty	1.00
Merkle root	0e3e2357e806b6cdb1f70b54c3a3a17b6714ee1f0e68bebb44a74b1efd...
Version	0x1
Bits	486,604,799
Weight	860 WU
Size	215 bytes
Nonce	2,573,394,689
Transaction Volume	0.00000000 BTC
Block Reward	50.00000000 BTC
Fee Reward	0.00000000 BTC

图 2-15　比特币系统第一个区块头信息

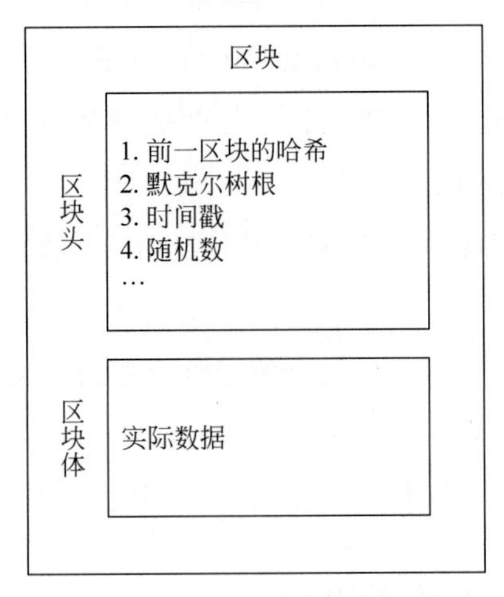

图 2-16　区块结构示例

间通过链的方式相互关联。在 2.1.3 节介绍区块头时讲到，每个区块头中包括 32 字节的父区块哈希值，通过这个父区块哈希值关键字，每个区块可以与上一区块关联，从而以“区块＋链”的方式实现数据的联系。联系我们的实际生活，当有人对账本的某一个数据进行修改时，会告知大家，某一页的数据被修改了。但你并不知道他是否对其他的数据也进行了修改。因为当你修改了账页里的一个数据，不一定会影响到后续账本的数据。但我们看到当区块和区块链接在一起的时候，当前的区块头里总是会有前一个区块的哈希。由于哈希的不冲突性，只要一个区块里数据导致哈希值改变了，那么后面所有的区块将会随之改变。哈希和区块构成了一个可被验证的数据结构，保证了对数据的可验证性。

通过图 2-17 中的内容，每个区块通过父区块哈希值实现了区块与区块的链式存储，更关键的，由于区块唯一标识的哈希值是通过哈希算法对区块头进行哈希转换生成的，这样就创建了一条有顺序可追溯的链条结构。由于“父区块的哈希值”是区块本身的一部分，所以每个区块的哈希值都受到前一个区块的影响。当某个区块有任何变动时，首先它的哈希值会发生变化，接着它的子区块的“父区块哈希值”也会发生变化，从而导致子区块的哈希值发生变化。以此类推，这种瀑布效应将会保障区块里的信息无法更改，除非强制重新计算该区块所有后续区块。

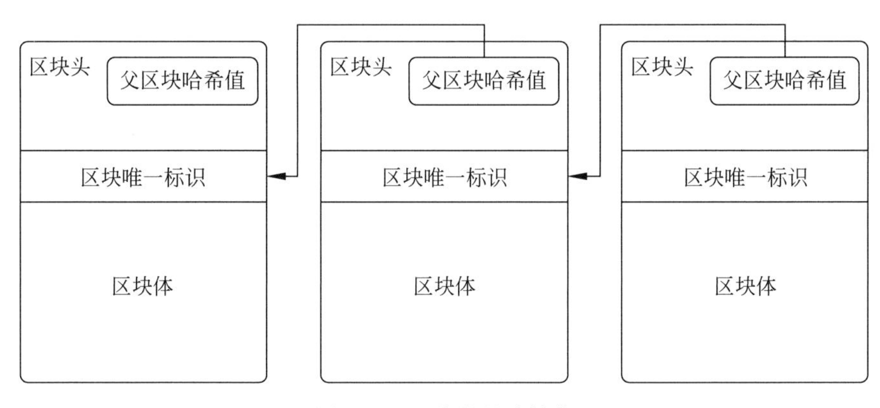

图 2-17　区块的链式结构

可以把区块链想象成地质构造中的地质层，在几百英尺（1 英尺≈0.3048 米）深的地方，保存的是有百万年历史但依旧保持原貌的岩层。在区块链里，最顶层的区块或许有可能因为分叉所引发的重新计算而被改变，但是至 2021 年 8 月已经有超过 690 000 个区块，最底层的区块就像最坚硬的岩层，确保区块链的历史。有理论表示，超过 6 个区块后，区块在区块链中的位置越深，被改变的可能性就越小。

在数据结构领域中，区块链常被视为一个垂直的栈。创世区块作为栈底的第一个区块，随后每一个区块都依次叠加在之前的区块上。因此，每个区块也有自己对应的"高度"，最新加入的区块则是在"顶端"。以比特币系统为例，自系统开始运行以来，已源源不断地产生了众多区块，目前以每隔大约 10 分钟的速度产生新的区块，而与此同时区块的高度都会累计加 1，如图 2-18 所示为区块高度与产生时间的示例。

区块高度	产生高度
区块693 850	2021-08-02 20:36:37
⋮	⋮
区块3	2009-01-09 11:02:53
区块2	2009-01-09 10:55:44
区块1	2009-01-09 10:54:25

图 2-18　区块高度与产生时间示例

目前，在互联网中已有众多关于公有区块链系统的浏览器，每个浏览器都会持续列出新区块的相关信息，如图 2-19 为访问 https://btc.com/btc/blocks 的显示信息。

浏览器 / Bitcoin 浏览器 / 区块列表

区块列表 总计 693,851 区块　　2021-07-02 → 2021-08-02

区块高度	播报方	爆块时间	交易数	区块奖励 (BTC)	体积 (KB)	手续费 (BTC) ⇄	交易总额 (BTC)
693,850	Rawpool	2021-08-02 20:36:37	227	6.26668748	1,788.17	0.01668748	551.11861795
693,849	AntPool	2021-08-02 20:35:33	335	6.28656321	1,784.69	0.03656321	802.12928797
693,848	Rawpool	2021-08-02 20:33:58	2,250	6.35004720	1,586.04	0.10004720	69,023.52447889
693,847	Poolin	2021-08-02 20:22:29	1,688	6.33016158	1,422.16	0.08016158	3,157.37760334
693,846	Poolin	2021-08-02 20:14:51	1,546	6.34835853	1,569.65	0.09835853	33,845.05071476
693,845	SlushPool	2021-08-02 20:07:30	1,702	6.36180841	1,443.59	0.11180841	3,232.29977963
693,844	AntPool	2021-08-02 19:58:31	664	6.28735306	1,557.93	0.03735306	1,748.41049553
693,843	ViaBTC	2021-08-02 19:55:27	1	6.25000000	0.31	0	0
693,842	AntPool	2021-08-02 19:54:55	2,103	6.34269893	1,527.38	0.09269893	20,050.66464790
693,841	ViaBTC	2021-08-02 19:43:20	1,029	6.30370352	1,675.60	0.05370352	2,357.24176472
693,840	Rawpool	2021-08-02 19:38:39	2,745	6.29584524	1,423.97	0.04584524	19,949.83920736

图 2-19　比特币最新高度显示内容

2.1.5 默克尔树的应用

1. 默克尔树的基本概念与特性

根据之前的学习内容，每个区块由区块头和区块体构成，并且在区块头中有一个标识符为默克尔树根（Merkle Root）。实际上，默克尔树根是通过区块体中所有的交易内容通过默克尔树（Merkle Tree）的数据组织方式生成的，如图 2-20 所示。

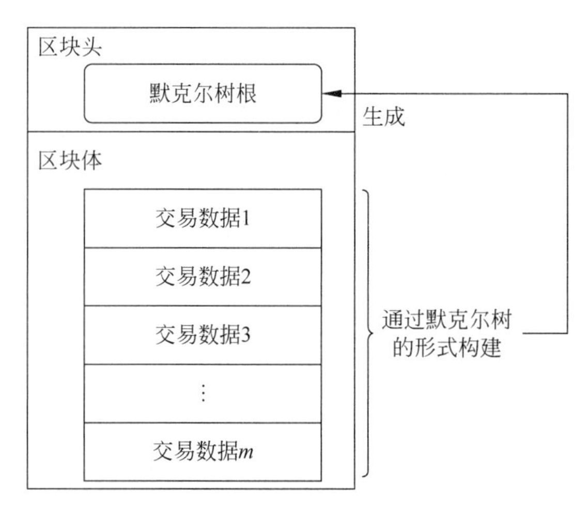

图 2-20 默克尔树在区块中的使用形式

默克尔树亦称作梅克尔树、哈希树，是比特币和大多主流区块链系统采用的一种数据组织方式。顾名思义，默克尔树的本质是一种树形数据结构，它由一个根节点（Root）、一组中间节点（Internal Node）和一组叶节点（Leaf）组成。利用哈希算法的特性，叶节点能够相互组合形成新的哈希值，并以层级的方式不断向上迭代累加最后形成默克尔树根，如图 2-21 所示为一个简单的 4 叶子默克尔树示例。

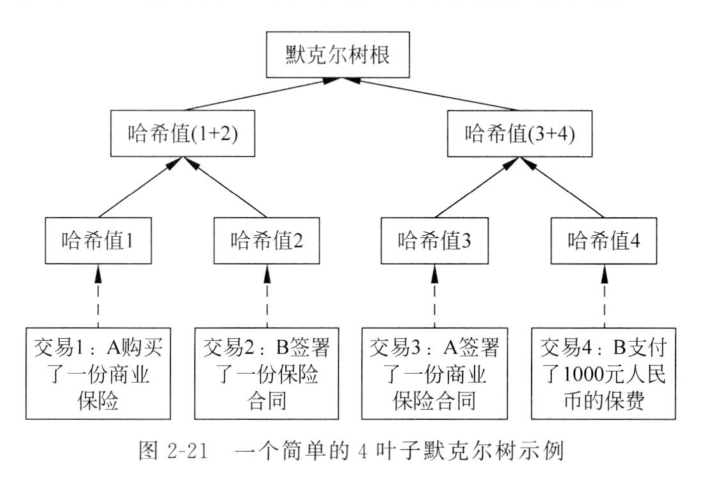

图 2-21 一个简单的 4 叶子默克尔树示例

一般地,叶节点包含交易的详细数据以及基于详细数据的哈希值,如图 2-21 所示,交易 1 和交易 2 中分别有两笔特殊的业务,针对这两笔业务会生成特有的哈希值,接着利用默克尔树算法,可以将这两笔交易的哈希值再进行整合,从而有了中间节点哈希值(1+2),以此类推,最终会形成默克尔树根。

使用默克尔树的形式整合区块体中的交易是区块链数据不可篡改特性的重要应用支撑,由于每个区块在打包生成时区块头都会基于区块体中的交易产生默克尔树根,当区块体的交易信息发生篡改时,区块头的默克尔树根势必也会发生变化,从而通过比较默克尔树根可以判断区块存储数据的前后一致性。更进一步地,由于每个区块中的区块头都包含了前一区块的哈希值(父区块哈希值),并且区块的唯一标识值是基于区块头生成,当父区块中有交易数据被篡改,那么父区块的哈希值势必发生改变,从而影响所有与其相关的子区块唯一标识值,通过比较区块中的唯一哈希值也可以快速判断区块中的数据是否发生改变,如图 2-22 所示为某一笔交易被篡改后区块链数据内容的变化影响。

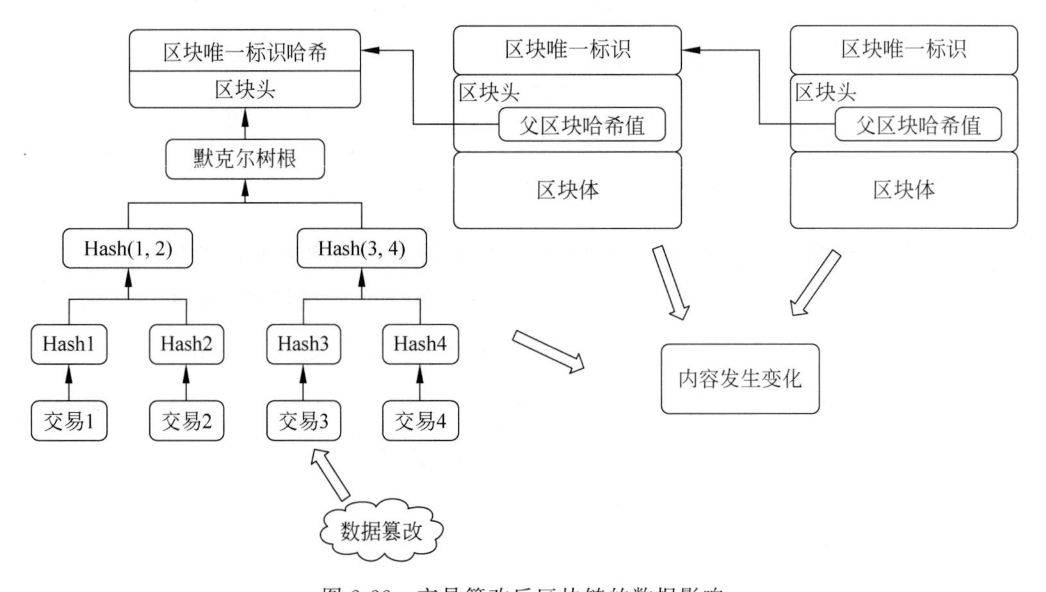

图 2-22　交易篡改后区块链的数据影响

通过区块的前后关联,以及区块内部的基于默克尔树的层级迭代,使保存在区块体中的交易信息修改成本极高,从而保证了区块链数据不可篡改的特性。

基于默克尔树逐层记录哈希值的特点,具备诸多天然的结构优点:

(1) 通过比较区块头的唯一标识哈希值就可以判断区块信息是否发生修改,无须识别区块体中的交易详细内容,极大地提高了区块运行效率和扩展性。

(2) 由于默克尔树支持简化支付交易协议(Simplified Payment Verification,SPV),

使交易数据在“没有运行完整区块链网络节点”的情况下也能完成校验。

(3) 使仅保存部分相关区块链信息的轻量级用户端成为可能。

(4) 降低了区块链运行所需的带宽和验证时间。

2. 默克尔树生成过程

默克尔树可被视作为哈希列表(Hash List)的泛化结构,通俗来讲,默克尔树是被选择来用作哈希值存储的一种数据组织方式。默克尔树的生成过程如下所述。

(1) 叶节点生成:将一个大数据块拆分成多个小数据块,然后对每个小数据块进行哈希运算,得到所有数据块的哈希值后,获得一个哈希列表。

(2) 子节点生成:将列表元素两两合并再计算一次哈希值,获得新的列表。如果正在合并的列表元素个数是奇数,则最后一个元素单独计算哈希值。

(3) 默克尔树根生成:重复第(2)步,直至生成一个最终的哈希值,称为默克尔树根,或哈希根。

3. 比特币系统的默克尔树

比特币系统采用二叉默克尔树来组织每个区块中的所有交易。这些交易本身并不存储在默克尔树中,而是每个交易作为一个独立的数据块,计算其哈希值并存储在默克尔树的子节点和叶节点中。比特币采用SHA256算法来对交易数据进行哈希运算,因此默克尔树的每个节点均为256位二进制的哈希值。

除了用来整理归纳交易和生成默克尔树根之外,默克尔树还能快速比较大量数据、快速定位数据块的修改以及提供零知识证明的手段。

4. 实训:构建默克尔树

实训目的:默克尔树本质上是对哈希函数的应用延伸,将多个哈希函数按层级向上整合即可构建一个默克尔树。参照图2-21,实训可以构建一个具有4个叶节点的默尔克树。

实训步骤:第一步,根据图2-21分别生成4笔交易信息,将这4笔信息作为原始数据通过哈希函数生成“数据指纹”哈希值,最后生成如图2-23所示的内容。第二步,将交易生成的哈希值两两组合并作为原始数据输入HASH模块,生成哈希值,如图2-24所示。第三步,将第二步生成的哈希值作为原始数据输入HASH模块,生成最终的哈希值。如图2-25所示。

实训总结:通过上述3步,4个交易内容通过3层的哈希函数转换最终生成了唯一的哈希值,大家可以修改4个节点的交易信息,观察最终输出的哈希值变化情况。因此,通过构建默克尔树,可以将4个输入信息通过一个哈希值的“数据指纹”快速判断数据的变化情况。这就是哈希树最典型的应用。

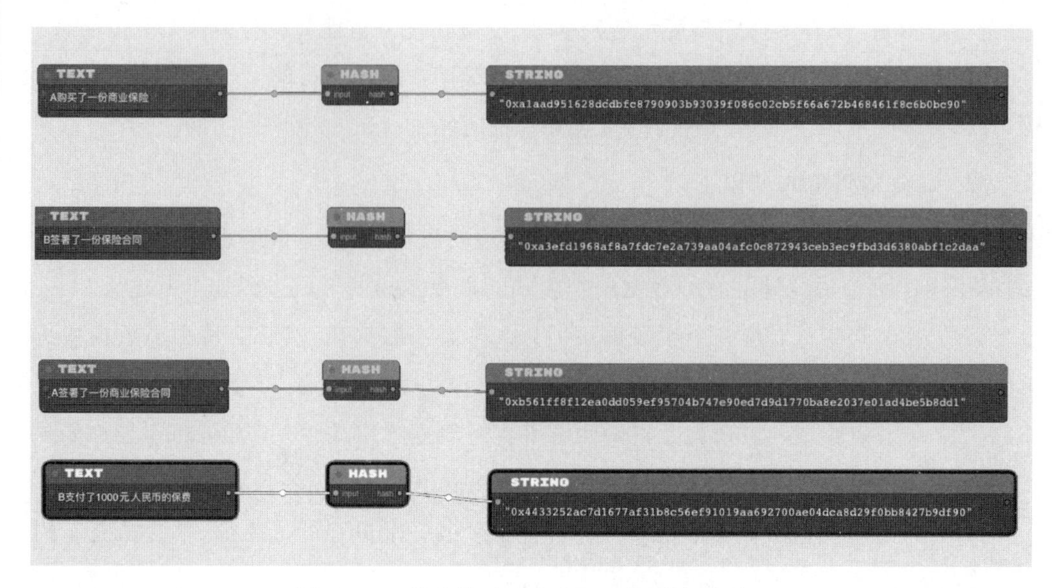

图 2-23　4 笔交易通过哈希生成的“数据指纹”

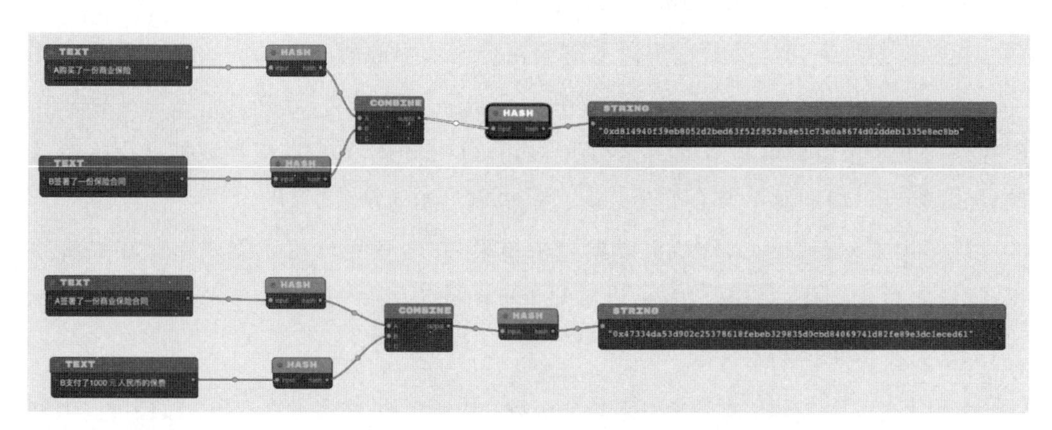

图 2-24　交易两两组合后生成的哈希值

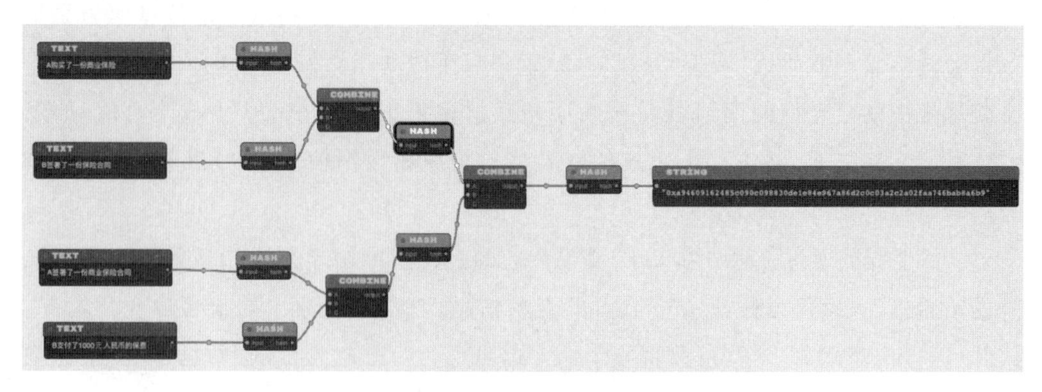

图 2-25　通过哈希函数生成最终的哈希值

2.2 区块链中的账户

2.2.1 基于公私钥技术的账户体系

人们可以通过输入自己的账户名和密码参与到互联网的应用里。那么可以通过什么方式参与到区块链中呢？区块链有自己独特的账户体系，但与平时接触的账户体系不同。区块链的账户体系是一个非对称加密体系，每个账户都有一对公钥和私钥，公钥由私钥生成。通过运用非对称加密技术的原理，可以实现用户身份的唯一标识、数据来源识别以及数据传输加密等功能。通常可以将公钥比作银行账户，用于识别身份；而私钥则是账户的密码，提供账户所有者对账户的控制权。如图 2-26 所示为公私钥账户体系在区块链的应用。

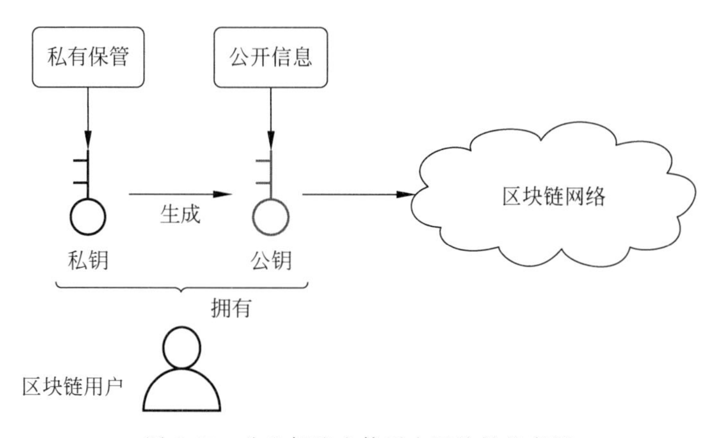

图 2-26　公私钥账户体系在区块链的应用

1. 私钥

私钥就是一组随机获取的数字。私钥是用户控制区块链账户的根本。私钥用来生成数字签名，数字签名能证明对应私钥的所有权。私钥必须严格保密，私钥如果泄露给第三方，就相当于失去了区块链账户的控制权。如果私钥丢失，没有任何办法恢复。

生成私钥的方式基本上就是在 $1\sim 2^{256}$ 中选择数字，这是比沙滩上的沙子还多的选择。当随机选择生成了一个私钥后，几乎不可能会有另一个人选中同一个或者猜到。只要选择的过程是不可预测和不可重复的，那么通过什么方式获得这个数字并不重要，甚至可以通过连续扔硬币 256 次的方式来获取二进制的私钥。如下为随机生成的一个私钥形式内容：0x09d695546a51ad0ba98c409163ae125f7b314d9edc2b2db9dab-3f59cbc05ef48。

2. 公钥

公钥是私钥通过加密算法运算得到的，并且与哈希函数类似，这个运算是不可逆的，即通过私钥可以推算出公钥，但是通过公钥无法反向计算得出私钥。

在以比特币为代表的区块链系统中，公钥是私钥通过椭圆曲线加密算法（ECC）的乘法运算得出的。ECC是Elliptic Curve Cryptography（椭圆曲线密码学）的缩写，是于1985年由Neal Koblitz和Victor S. Miller分别独立提出的基于椭圆曲线离散对数的公钥加密算法，其安全性本质是利用离散对数这一广泛承认的数学难题实现加密。数学表达式为：

$$K = k \cdot G$$

其中，G是椭圆曲线上的基点，k代表私钥（通常选择较大的整数），K则是运算得出的公钥。运算的基本原理是：选定椭圆曲线上的一个点G，用密钥k求得椭圆曲线上另一点K，正向运算很容易，但反向运算（在已知K和G的情况下求k）非常困难。如图2-27所示为椭圆曲线的形式一览。椭圆曲线是一组被定义为$y^2 = x^3 + ax + b$的且满足$4a^3 + 27b^2 \neq 0$的点集，不同的椭圆曲线对应不同的形状（$b=1, -3 \leqslant a \leqslant 2$）。

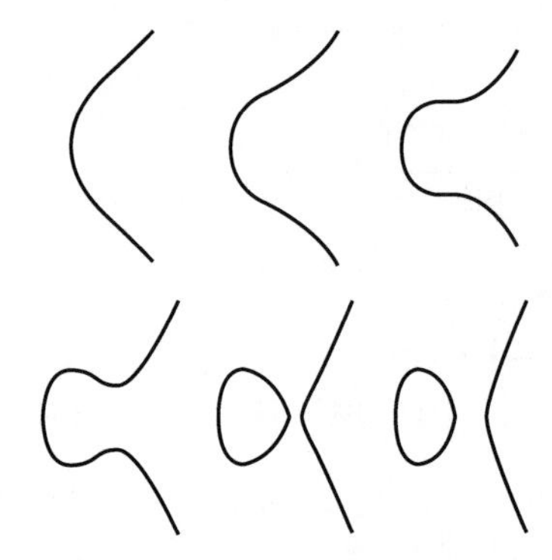

图2-27 ECC椭圆曲线示意图

随着a和b取值的不同，椭圆曲线也会在平面上呈现出不同的形状，但它还是很容易辨认的，椭圆曲线始终是关于x轴对称。另外，还需要一个无穷处的点作为曲线的一部分，从现在开始，将用0这个符号表示无穷处的点。如果将无穷处的点也考虑进来的话，那么椭圆曲线的表达式可精炼为：

$$\{(x, y) \in \mathbf{R}^2 \mid y^2 = x^3 + ax + b, \quad \Delta = 4a^3 + 27b^2 \neq 0\} \cup \{0\}$$

2.2.2 非对称加密技术

区块链的公私钥体系是通过非对称加密技术实现的。本节将介绍非对称加密技术的实现。在讲非对称性加密前，先来了解一下传统的对称加密。举一个对称加密的例子：Bob 写了一封信给 Alice。他用箱子装着信，同时锁上箱子，然后去快递店把这个箱子和开启箱子的钥匙一起快递给 Alice。Alice 收到箱子后，用钥匙打开箱子看信。这就是对称加密的传输过程，如图 2-28 所示。

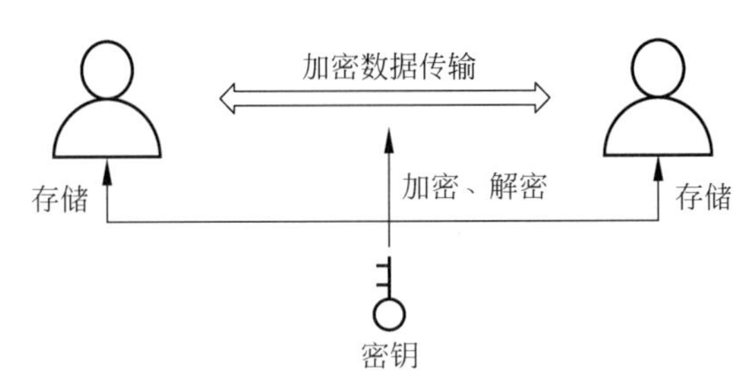

图 2-28　对称加密技术示例

与对称加密技术相对应的是非对称加密技术，又称为公钥密码技术（简称 PKI）。如前所述，它使用包含公钥和私钥的密钥对，其中，公钥对外公开；私钥必须严格保密，保管好不能丢失。

对称加密和非对称加密的异同具体如表 2-2 所示。

表 2-2　对称加密和非对称加密的比较

	对 称 加 密	非对称加密
特点	加密解密的密钥相同	加密解密的密钥不相同
优势	计算效率高、加密强度高	无需提前共享密钥、无需担心密钥泄露的风险
缺点	需提前共享密钥，易遭泄露	算量更大、速度更快
代表算法	DES、AES、IDEA	RSA、椭圆曲线加密算法

密钥本质上是一个数值，使用数学算法产生。可以用公钥加密消息，然后使用私钥解密；反过来也可以使用私钥加密，用公钥解密，这也被称为签名，相当于用私章盖印，对方就可以使用你的公钥来验证签名真伪（能正常解密）。

非对称加密的优点是解决了密钥的传输问题，因为公钥不怕公开。例如比特币，如果泄露了比特币钱包的私钥，其他人就可以拿走你钱包中的比特币，你也无法追踪到他，因为在比特币网络中，所有账号都是一串匿名的数字（实际上就是公钥）。常用的非对称加密算法包括 RSA 加密算法，椭圆曲线加密算法等。下面介绍区块链借助非对称加密技术实现的功能。

1. 身份验证

使用非对称加密的公私钥，可以实现“私钥签名，公钥验签”的功能，从而实现区块链中的身份验证。当双方通信时，在发送方和接收方之间建立信任是很重要的。接收方必须信任消息的来源。例如，Bob 向 Alice 付钱，用于从她那里购买一些商品，则 PKI 在 Bob 和 Alice 之间建立这种信任的具体实现方式如图 2-29 所示。

(1) 如果 Bob 想给 Alice 付钱，他必须创建一对自己的私钥/公钥。注意，这 2 个密钥总是成对的，只能配对使用，不能混用。

(2) Bob 要支付 10 美元给 Alice，他创建了一条消息发送给 Alice，其中包含 Bob 的(发送方)公钥、Alice 的(接收方)公钥和金额(10 美元)。

(3) 此笔汇款的目的，如“我想从你这里买电子书”也添加到消息中。现在，整个消息都使用 Bob 的私钥签名。当 Alice 收到这条消息时，她将使用 Bob 公钥来验证消息确实来自 Bob。

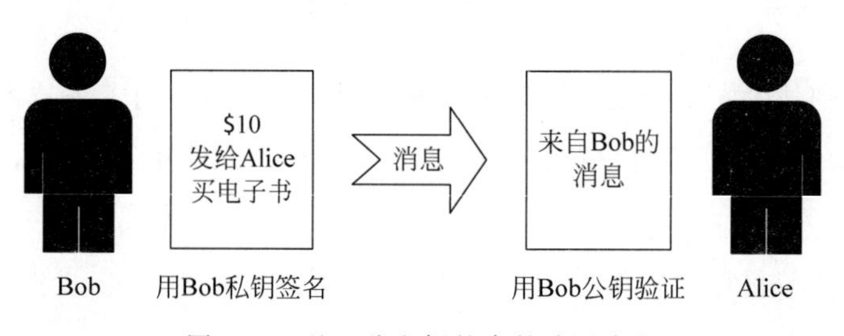

图 2-29 基于公私钥的身份验证流程

2. 信息加密

使用非对称加密的公私钥，可以实现“**公钥加密，私钥解密**”的功能，从而实现区块链中的信息加密。例如，现在 Alice 已经收到了付款，她将电子书发给 Bob。Alice 创建一条消息，并将其发送给 Bob，具体实现方式如图 2-30 所示。

(1) Alice 创建一条消息，比如“这是电子书”，用 Bob 的公钥加密。

(2) Alice 发的消息，因为用 Bob 的公钥加密，所以只能由 Bob 的私钥解密，拦截消息的人没有 Bob 的私钥，无法解密消息内容。这就确保了只有 Bob 能访问电子书网址。

通过公私钥加密技术就实现了信息的加密传输，从而保证信息的私密性，例如，Bob 需要验证 Alice 的身份，Alice 可以用自己的私钥给消息签名再附上自己的公钥发给 Bob，Bob 可以用 Alice 的公钥验证签名。

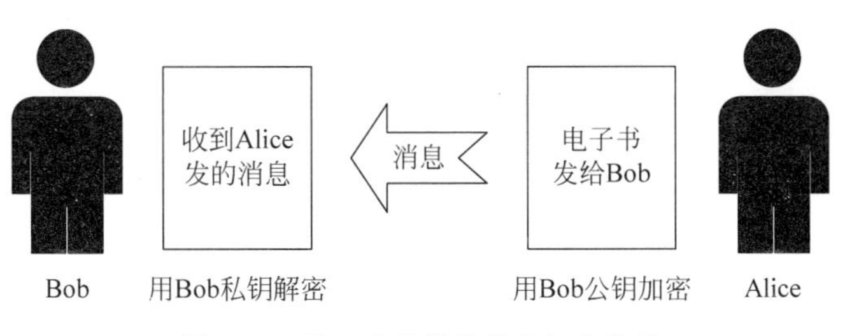

图 2-30　基于公私钥的信息加密传输

2.2.3　区块链账户实训

基于以上内容，我们已经对基于非对称加密技术的区块链账户体系有了初步的理解，接下来使用区块链沙箱平台完成相关任务，可以加深理解。基于非对称加密技术，每个账户都有公钥和私钥，私钥通过私有保管的同时公钥可以在网络上分发给需要传输的节点，与此同时，运用哈希函数等不可逆算法可以将公钥作为原始数据转换为唯一的哈希值。如比特币系统在生成了 256 位的私钥之后运用椭圆曲线加密算法可以生成对应的公钥，然后再借用 SHA256 的哈希函数可以生成对应的地址，如图 2-31 所示。

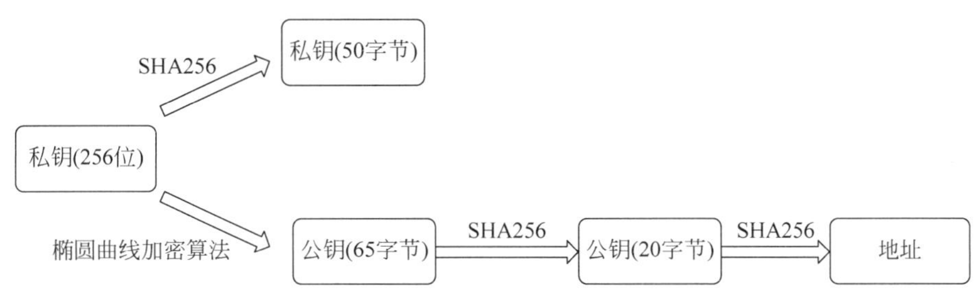

图 2-31　比特币系统账户体系的生成过程

基于以上公私钥的生成过程，可以运用区块链上沙箱平台模拟，并且区块链沙箱还可模拟对称加密在区块链中的应用过程。

1. 实训一：生成区块链的公私钥账户

实训目的：使用沙箱平台动态生成区块链的公私钥账户体系。

实训步骤：第一步，在 CRYPT 模块中选出 KEY PAIR 子模块，INPUT 模块中选出 BUTTON 子模块，连接两个模块，如图 2-32 所示。第二步，连续单击 BUTTON 模块，并双击 KEY PAIR 模块的 private key、public key、address 查看动态输出，如图 2-33 所示。

图 2-32　公私钥账户生成的准备示例

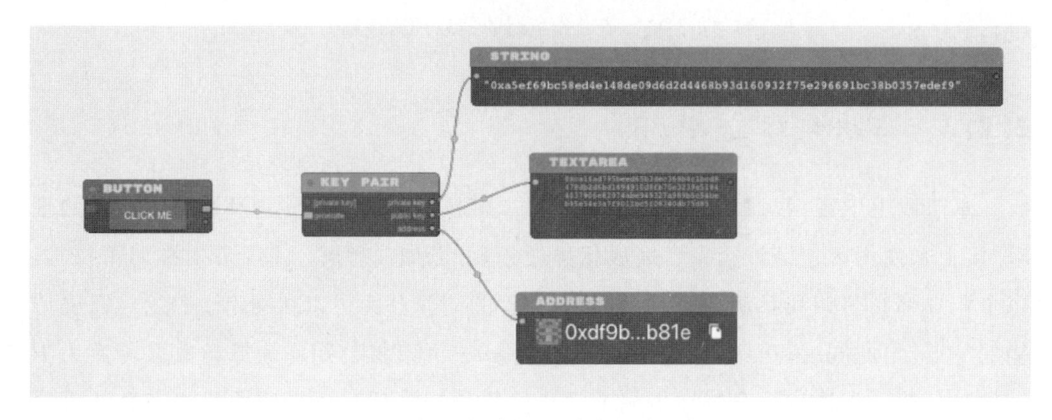

图 2-33　公私钥账户动态生成示例

实训总结：借助沙箱平台的模块可以实现公私钥账户体系的动态生成模拟流程，基于 KEY PAIR 模块可以快速生成区块链的账户体系（包括私钥、公钥和地址）。

2. 实训二：实现基于公私钥的身份验证

实训目的：非对称加密技术具有“私钥签名，公钥验签”的功能，使用区块链可以模拟此身份验证过程，通过比较签名解析的结果判断数据源的可靠性。

实训步骤：第一步，参照实训一，生成区块链账户，如图 2-34 所示。第二步，在 CRYPT 模块选中 SIGN 子模块，加入 TEXT 模块，连接 TEXT 和 SIGN 两个模块，连接 KEY PAIR 模块中的 private key 输出以及 SIGN 模块的 private key 输入，在 TEXT 模块

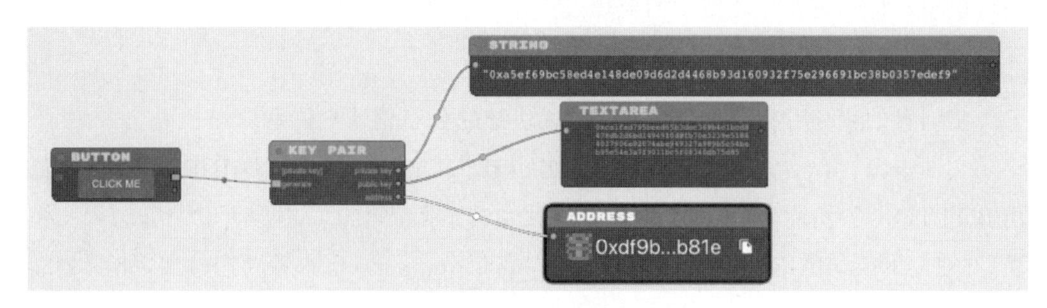

图 2-34　区块链账户生成示例

输入内容，观察签名的输出，如图 2-35 所示。第三步，在 CRYPT 模块中选出 RECOVER 子模块，双击输入的两个选项，在 message 中输入签名的内容，signature 中输入签名的信息，观察输出的 address 是否与账户的 address 一致，如图 2-36 所示。

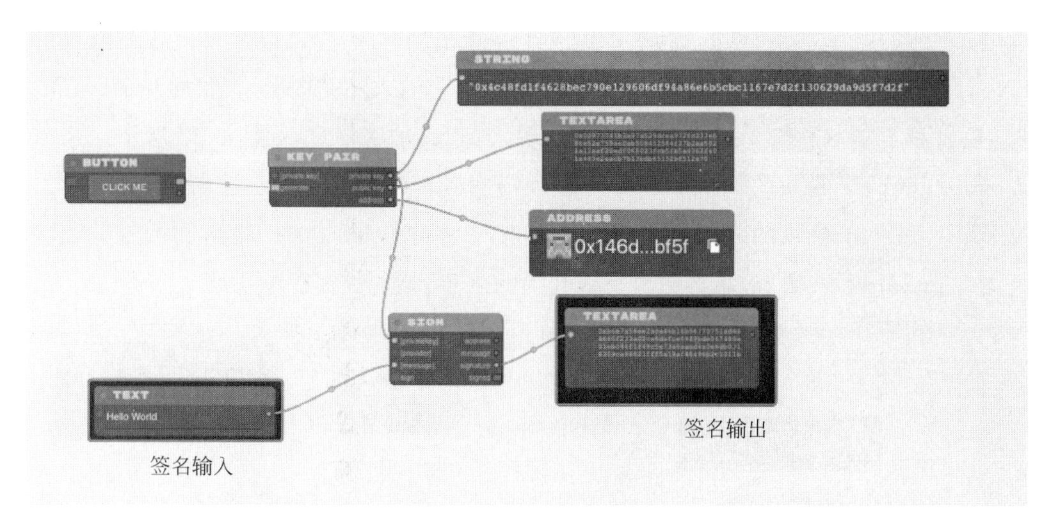

图 2-35　通过私钥生成签名示例

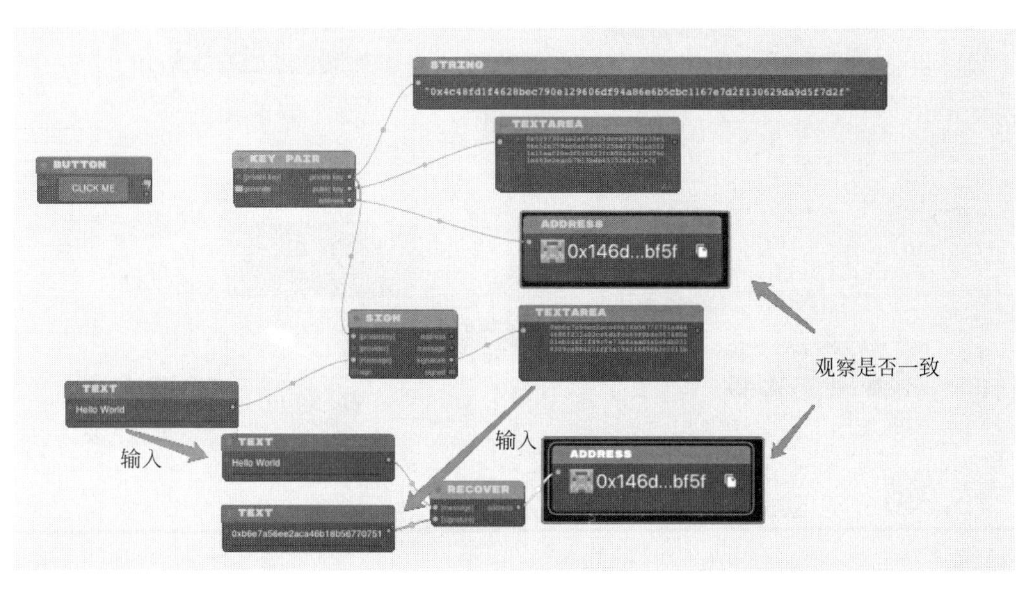

图 2-36　验证签名来源正确性示例

实训总结：借助沙箱平台的 SIGN 和 RECOVER 模块可以实现区块链基于公私钥的身份验证流程。当验证的结果地址与实际账户的地址相同时表示验签成功，过程简单消耗资源少。

3. 实训三：实现基于区块链的信息加密

实训目的：运用沙箱平台的 ENCRYPT 和 DECRYPT 模块可以分别引入账户的公钥和私钥，实现对于数据的加解密流程。

实训步骤：第一步，参照实训一，生成区块链账户。第二步，加入 CRYPT 模块的 ENCRYPT 子模块，双击输入 message，在 TEXT 中输入加密内容，连接账户的 public key 输出和 ENCRYPT 模块的 public key 输入，观察加密信息，如图 2-37 所示。第三步，加入 CRYPT 模块的 DECRYPT 子模块，连接 ENCRYPT 模块的 encrypted 输出与 DECRYPT 子模块的 encrypted 输入，连接账户的 private key 输出和 DECRYPT 模块的 private key 输入，观察输出是否与加密内容一致，如图 2-38 所示。

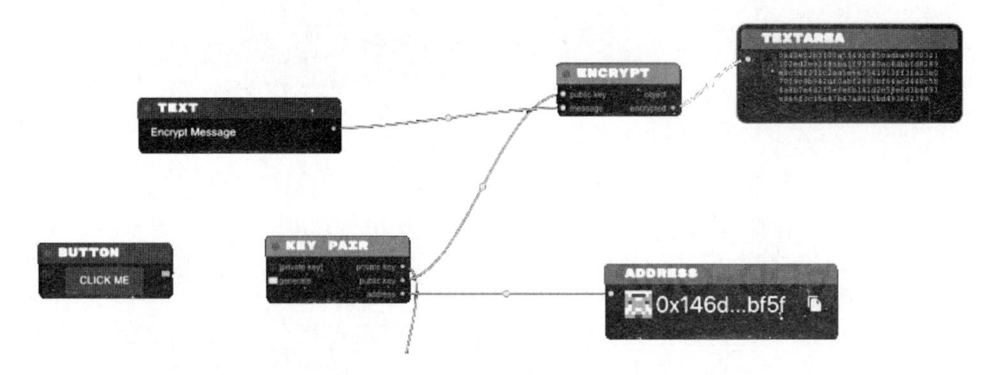

图 2-37　使用公钥加密流程示例

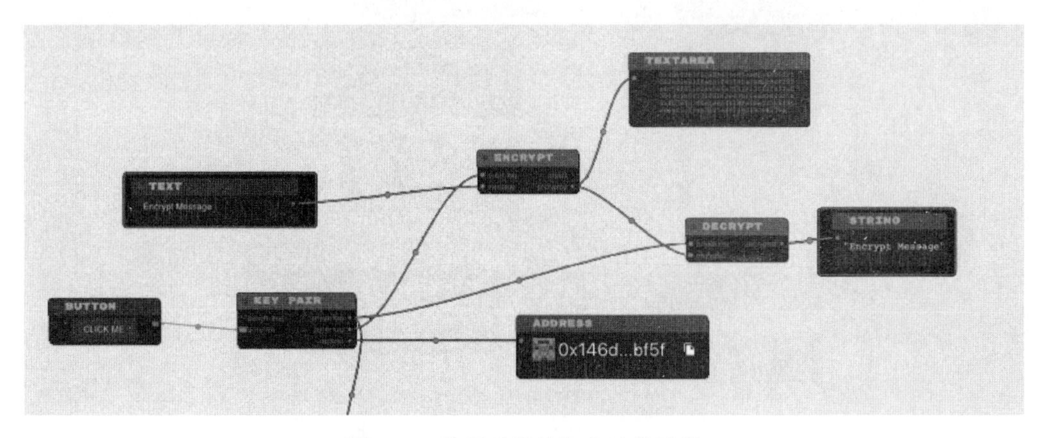

图 2-38　使用私钥的解密过程示例

实训总结：借助沙箱平台的 ENCRYPT 和 DECRYPT 模块可以实现信息的加解密过程，这里实验仅仅在单机上实现了此过程，真实应用场景是在点对点传输过程一方通过公钥加密信息，另一方用私钥解密信息。

2.3 区块链交易的运行原理

区块链的运行实际为数据的产生以及被记录的过程，根据之前的学习我们已经了解到在区块链的区块中包含了众多交易，所以区块链存储信息即为一条条的交易，接下来将讨论在区块链中这些交易是如何被所有节点记录的。

2.3.1 一个简易的区块链系统

区块链交易从理论上理解比较复杂，这里通过一个案例展开论述。

从前有个古老的村落，里面住着一群古老的村民，这个村庄没有银行为大家存钱、记账，也没有一个让所有村民都信赖的村长来维护和记录村民之间的财务往来，也就是没有任何中间机构或者个人来记账，于是，村民想出了一个不是中间机构或个人，而是大家一起记账的方法。

1. 记账的方式

以上记账方式与传统方式所区别。例如，张三要给李四一千块钱，张三在村里大吼一声：大家注意了，我张三，给李四转了一千块钱。这时候附近的村民听到之后，需要做两件事：第一是通过声音判定这是张三喊的，而不是由别人冒名顶替；第二是检查张三是否有足够的钱(此操作的前提是每个村民共有同一份账本，上面会记录各个村民存有的余额数目)。当确定了张三有足够余额后，每个村民都会在这个账本上记录相关内容，包括时间、转账对象和金额，如 2021 年 8 月 12 日，张三向李四转账 1000 元。

2. 区块链账本的雏形

除此之外，这些记账的村民口口相传，把张三转给李四一千块钱这个事情告诉了十里八村的人。当十里八村的人都知道这次转账的事情之后，大家就能共同证明张三给李四转了一千块钱这件事情了。

通过这种方式，一个不需要村长却能够让所有村民都能达成一致的记账系统就诞生了。而这个记账系统就可以类比为我们今天常说的比特币系统。

故事到这里，其实并没有结束。由此故事引发了 3 个值得深思的问题：

（1）记录的账目会不会被篡改？

（2）村民有什么动力帮忙去记账？

（3）这么多人记账，如果记的账不一样，以谁的账为准呢？

3. 难以篡改的账本

针对以上3个问题，采用比特币系统有两种策略保证账本防篡改：

（1）实现人人记账，所有村民共有同一本账本，自己没办法修改账本的数据，别人的账本也不能改，实现不可篡改。

（2）采用“区块＋链”的特殊账本结构。每个账本的账页都可以理解为一个区块。每个区块保存着某段时间内所发生的交易，这些区块通过链式结构连接在一起，形成了一个记录全部交易的完整账本。如果对区块内容进行了篡改，就会破坏整个区块链的链式结构，导致链条“断了”，很容易被检测发现。

所以这两种策略可以保证区块链系统具有不可被篡改的特性。

4. 记账后给予奖励

在之前的故事中，村民需要通过不断记账让账本保持更新从而具备更大的公信力，但是如何激励村民记账，也就是如何保证区块链活力呢？这就有了区块链中的奖励机制。按之前的学习内容，记账是以区块（类比为现实账本上的一页）为单位，每个新的区块被认可，都会有奖励。而奖励就是发给新区块的记账者的，在以比特币为代表的公有链中，这些记账者或节点就被称为“矿工”。

5. 关于记账权的争夺

既然记账有了奖励，那么自然而然“矿工”就会去争夺记账的权利，就是说当需要产生新区块时这些“矿工”都会竞争新区块的记账权限。这也回到了关于上述问题的第三点，以谁的账本为主的问题。

针对这个问题，村民们想到了一个公平的办法，对每一个区块，让所有参与记账的村民去破解一个题，最先破解这道题的村民，该区块就以他记的账为准。这个难题的解题过程需要不断尝试，较为困难，但是找到答案发给别人后，别人是很容易验证的。

比特币系统与村民的做法比较类似，也是设置一个难题让所有“矿工”去竞猜，当有“矿工”竞猜成功就获得了“记账权”，从而记录新的区块。这个竞猜的难题即为实现“哈希碰撞”，也就是后续内容中共识机制的工作量证明机制的核心内容。

2.3.2 区块链交易运行流程

之前所讲述的内容中,小村落的村民是靠喊来让其他人知道并记账的,那么在实际的区块链系统中,具体的交易流程是如何实现的呢?我们以比特币系统交易的运行流程为例说明。

假设小明有 10 个比特币,小红有 6 个比特币,现在小明欠小红 2 个比特币,需对其转账还清,交易流程如图 2-39 所示。

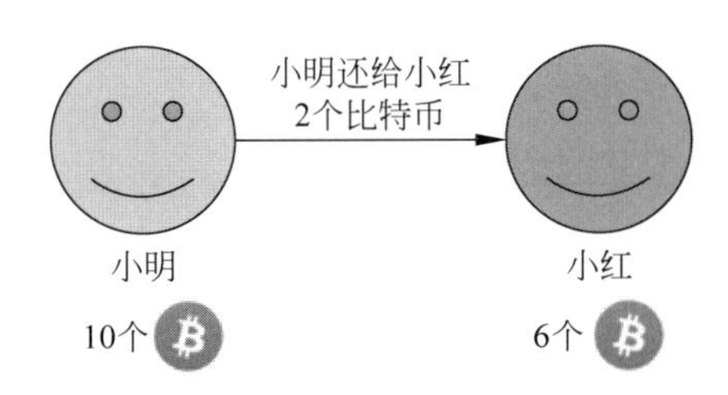

图 2-39　比特币系统交易的运行流程

根据区块链原理,小明需向全网的矿工们广播这条交易信息。在这笔交易中,小明需要提交以下交易内容:小红的收款地址、转账的数量、交易哈希、小明的数字签名(用私钥进行签名)、小明自己的公钥。

伴随这个交易分发的流程,需要通过公私钥加解密技术实现身份验证与信息保密。如上述交易内容的哈希值是由小红的收款地址和转账数量等交易信息通过哈希算法产生的,而小明的数字签名是小明通过用私钥对交易哈希调用非对称加密算法进行签名产生,只要小明的私钥没有被泄漏,那么这笔交易就不可抵赖,也不可被篡改。矿工通过小明提交的公钥交易哈希值和数字签名,来验证小明是不是要转出账户的 10 个比特币的拥有者,还能验证这笔交易没有被篡改。如图 2-40 为数据签名与验签的实现流程。

如果信息验证成功,那么矿工将打包交易,然后进行下一个区块记账权的竞争,并且将这个包含交易信息的最新区块进行全网广播。经过所有节点的确认,即全网验证成功之后,出块的节点也会获得区块奖励。如图 2-41 所示为小明对小红的交易在全网广播的示例。

区块通过全网广播得到所有节点的确认,即经过全网验证,其他所有节点就会一起备份这个最新的区块,从而继续保持全网节点数据的一致性。小明的账户状态会正式变更为 8 个比特币,而小红的账户也会变更为 8 个比特币,至此这笔交易就成功了,如图 2-42 所示。

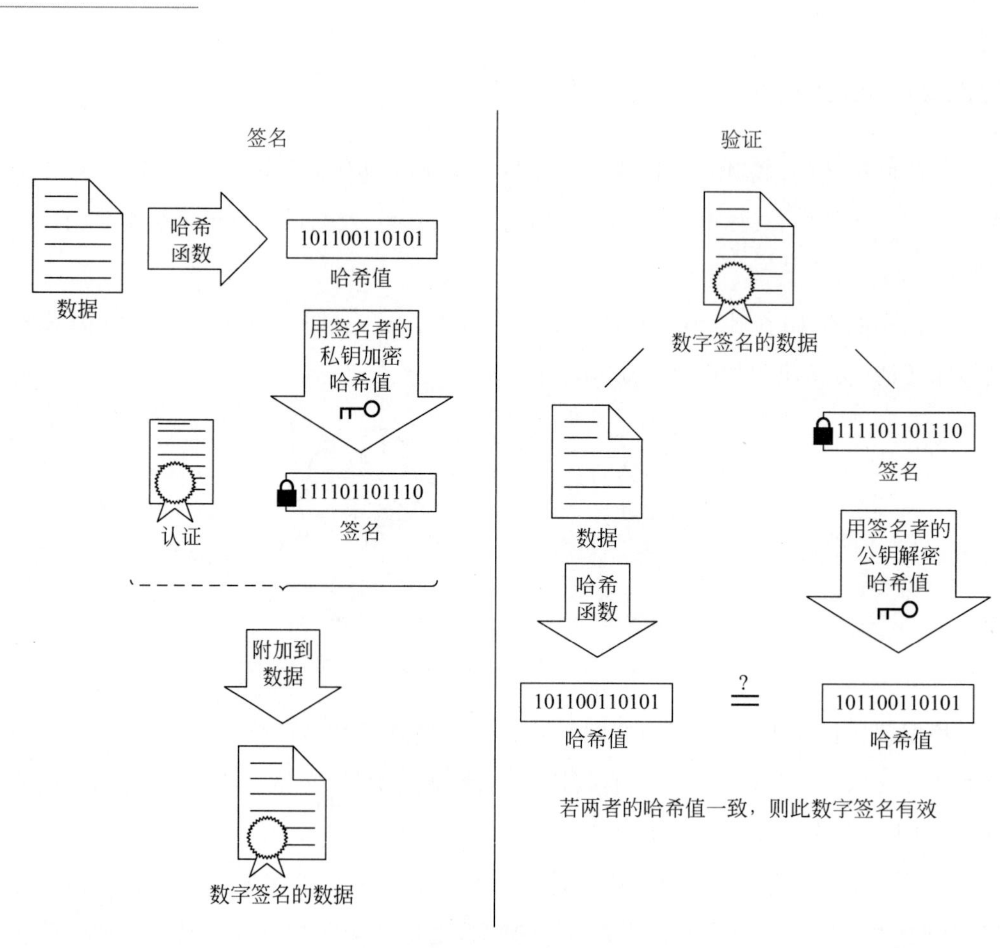

图 2-40　数据签名与验签的实现流程

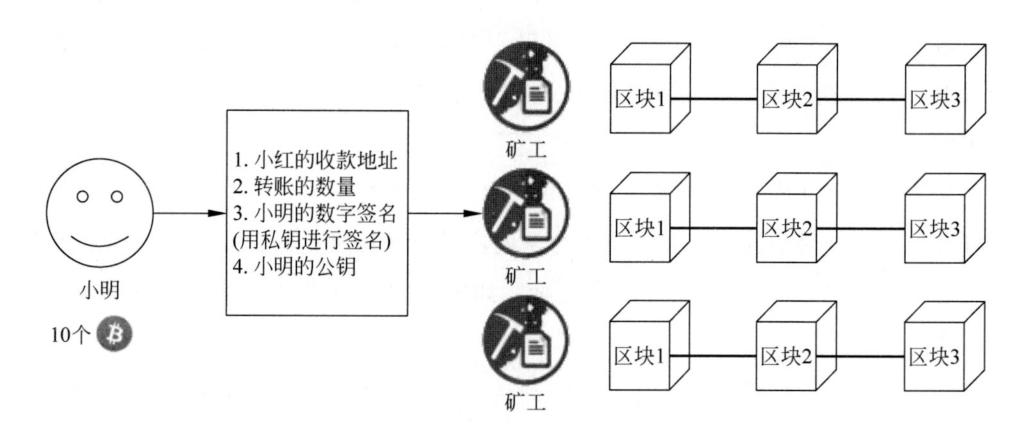

图 2-41　交易在全网广播的示例

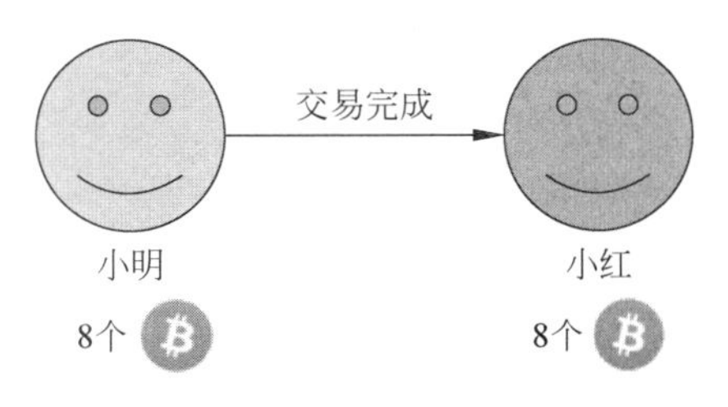

图 2-42　交易成功的账户示例

2.3.3　实训：区块链账户间的转账

1. 实训案例：使用 MetaMask 创建账户

MetaMask 是一款浏览器插件钱包，支持火狐、谷歌 Chrome 等浏览器，是一个开源的以太坊钱包。实现区块链账户转账，需要借助与 MetaMask 类似的轻量级钱包，并且 MetaMask 不用下载安装客户端，只需在浏览器中添加扩展程序即可，使用非常方便。

安装火狐浏览器，如果已安装此浏览器则可执行之后操作。在火狐浏览器上直接打开插件地址的链接 https://addons.mozilla.org/en-US/firefox/addon/ether-MetaMask/，复制该地址到浏览器 URL 地址栏，然后单击 Add to Firefox 按钮即可，如图 2-43 所示。

图 2-43　在火狐浏览器安装 MetaMask 示例

完成安装后，在浏览器右上角会出现一个快捷键按钮(小狐狸头形状)，如图 2-44 所示。单击此按钮即可进入欢迎界面，如图 2-45 所示。

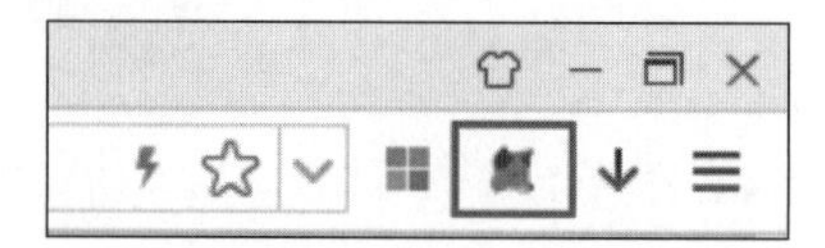

图 2-44　火狐浏览器中的 MetaMask 快捷键示例

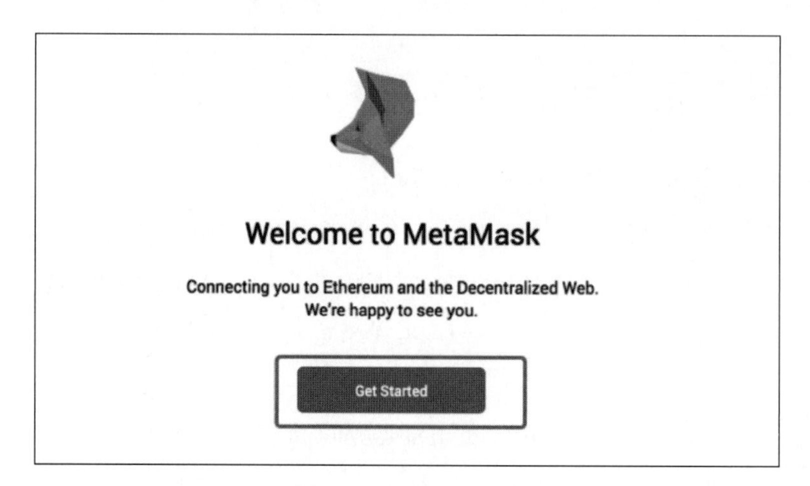

图 2-45　MetaMask 欢迎界面示例

接下来使用 MetaMask 创建钱包和设置密码，在图 2-45 所示界面单击 Get Started 按钮，接着在如图 2-46 所示的窗口单击 Create a Wallet 按钮创建钱包，在图 2-47 所示窗口输入密码并选择 I have read and agree to the Terms of Use 选项。

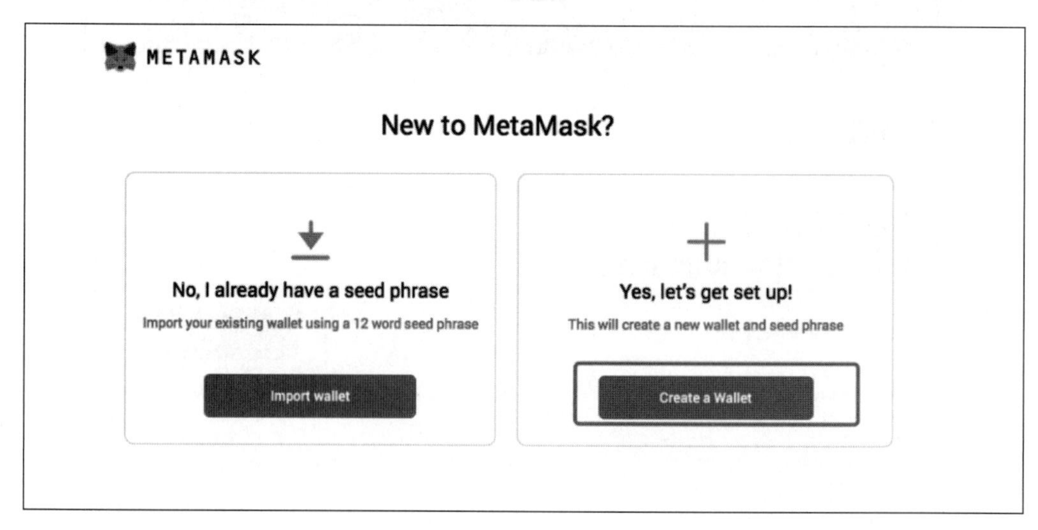

图 2-46　MetaMask 创建钱包示例

图 2-47　MetaMask 输入密码示例

完成以上操作后直接进入钱包，如果遇到如图 2-48 所示内容可单击 Remind me later 按钮，这个时候就能看到账户详情，如图 2-49 所示。

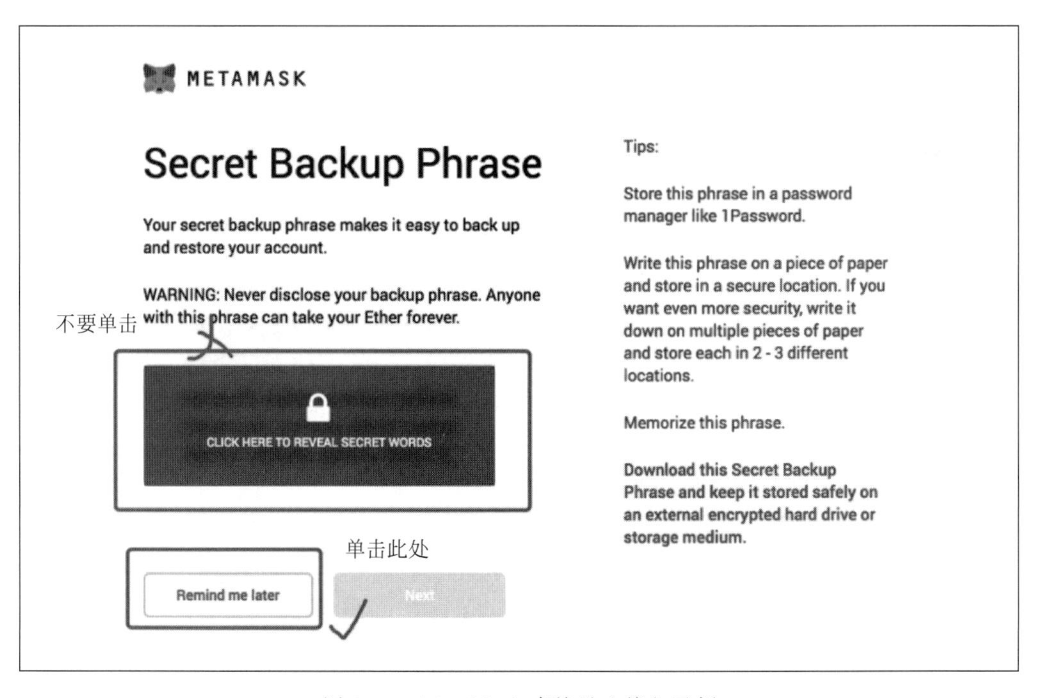

图 2-48　MetaMask 直接进入钱包示例

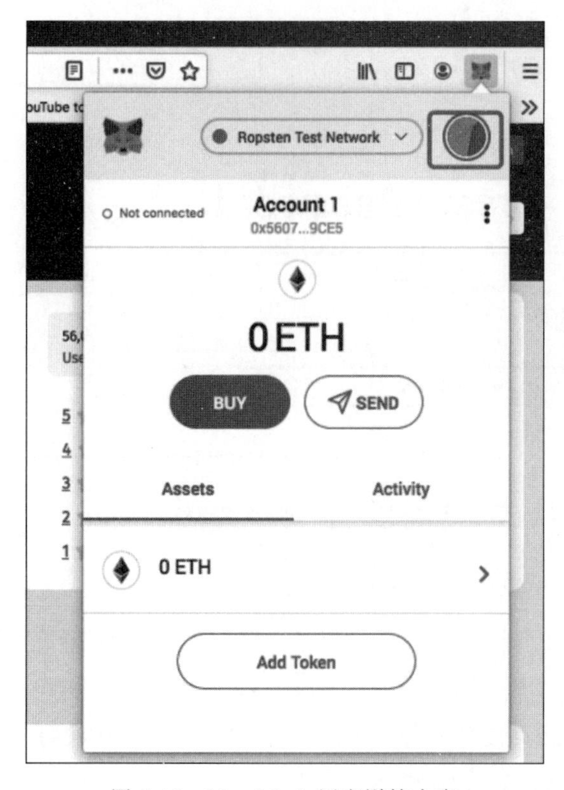

图 2-49　MetaMask 用户详情内容

单击图 2-49 所示的右上角的圆形图标，进入账户设置界面，可看到 MetaMask 账户和设置相关操作，如图 2-50 所示。如图 2-51 所示，单击 Settings 可将语言从英文切换为中文。最后回到主页面，MetaMask 的功能就可以用中文显示，内容一目了然，如图 2-52 所示。

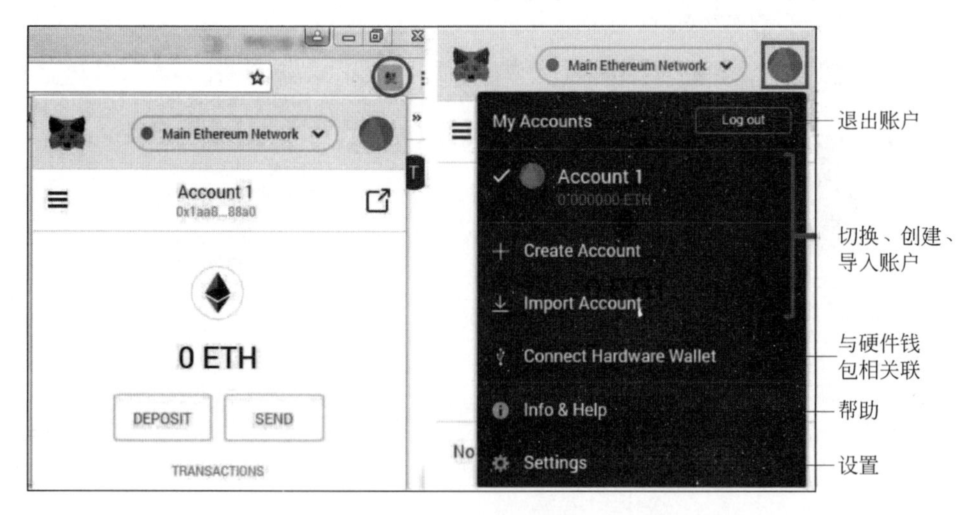

图 2-50　MetaMask 账户和设置相关操作显示示例

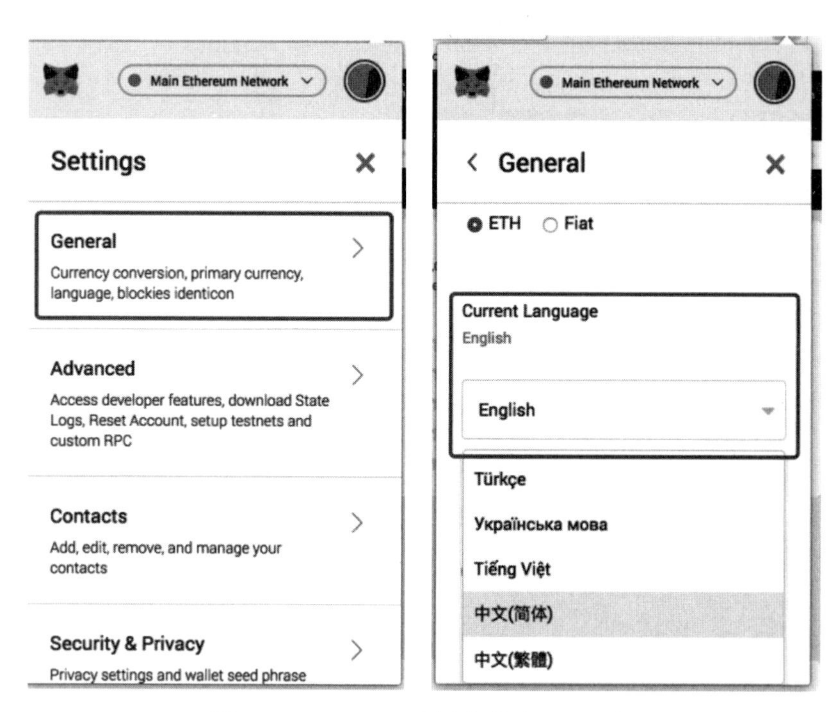

图 2-51　MetaMask 语言切换为中文示例

图 2-52　MetaMask 钱包首页示例

2. 实训案例：加入以太坊测试网络并获取 Ether

单击“以太坊 Ethereum 主网络”，在下拉列表框中选择“自定义 RPC”，在弹出的窗口输入如图 2-53 所示内容。

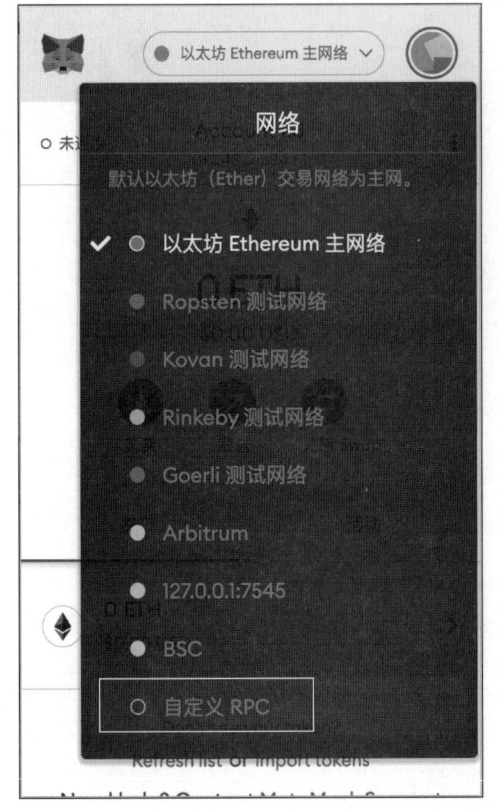

图 2-53　MetaMask 加入测试网络示例

添加成功后，通过访问 http://env. zhiguxingtu. com/#/faucet，登录后，在如图 2-54 所示界面输入账户地址，稍等片刻即可获取 1 ETH。

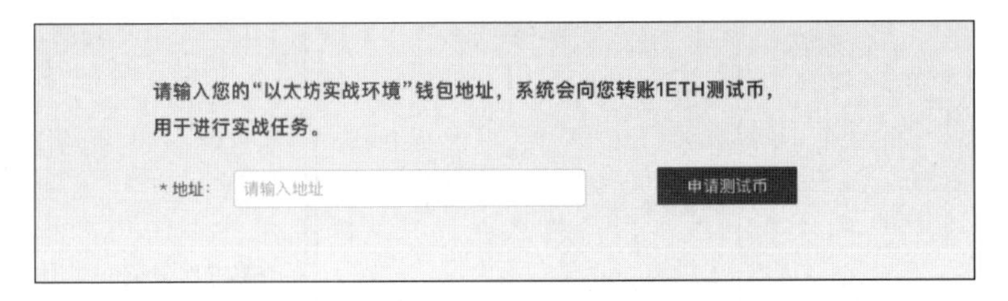

图 2-54　通过测试网络 faucet 链接获取 ETH 示例

回到主页面，再次查看自己的余额，可以看到余额发生了变化，如图 2-55 所示。

3. 实训案例：账户转账

选择一个同学向其索要钱包地址，或者也可以重复本节第 1 个实训案例的步骤，新建一个钱包地址，然后复制进剪贴板。获得地址后，单击“发送”按钮，如图 2-56 所示。在对应的输入框中输入地址和数量，交易费输入 30，其他不变，如图 2-57 所示。

图 2-55　账户余额变化示例

图 2-56　账户转账“发送”操作示例

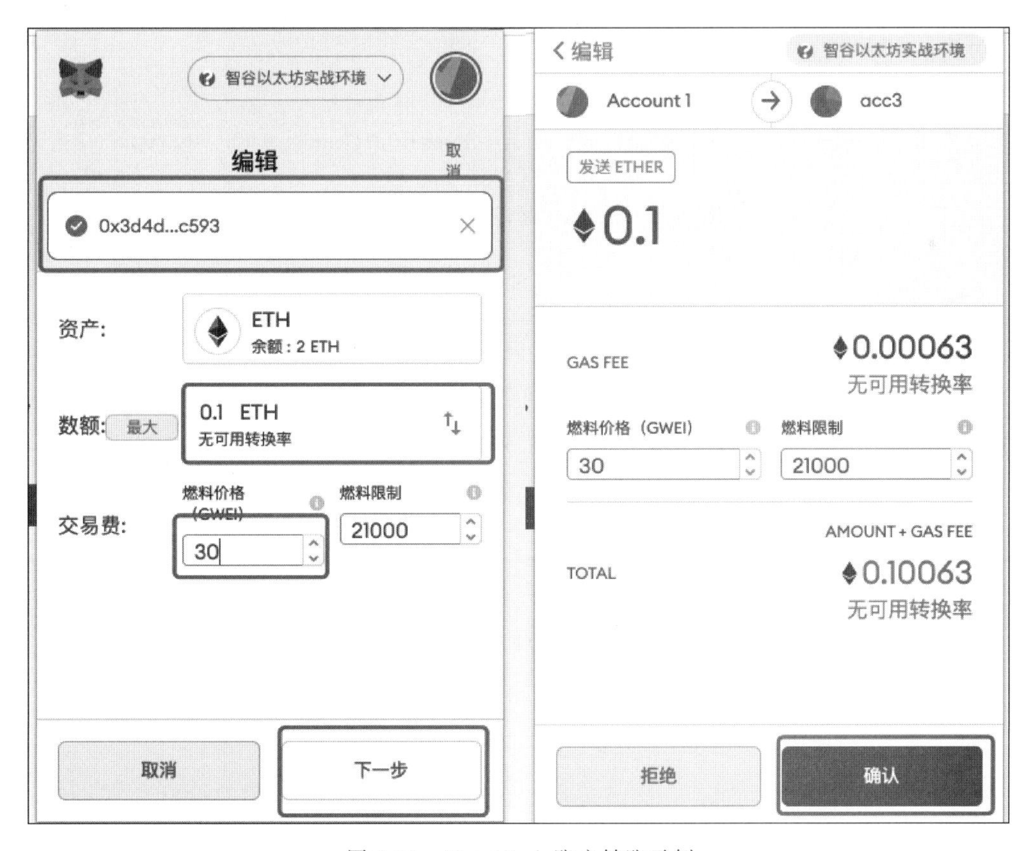

图 2-57　MetaMask 账户转账示例

回到账户界面,单击"活动"选项,可以看到正在交易的交易示例,稍等片刻转账交易即可成功,如图2-58所示。

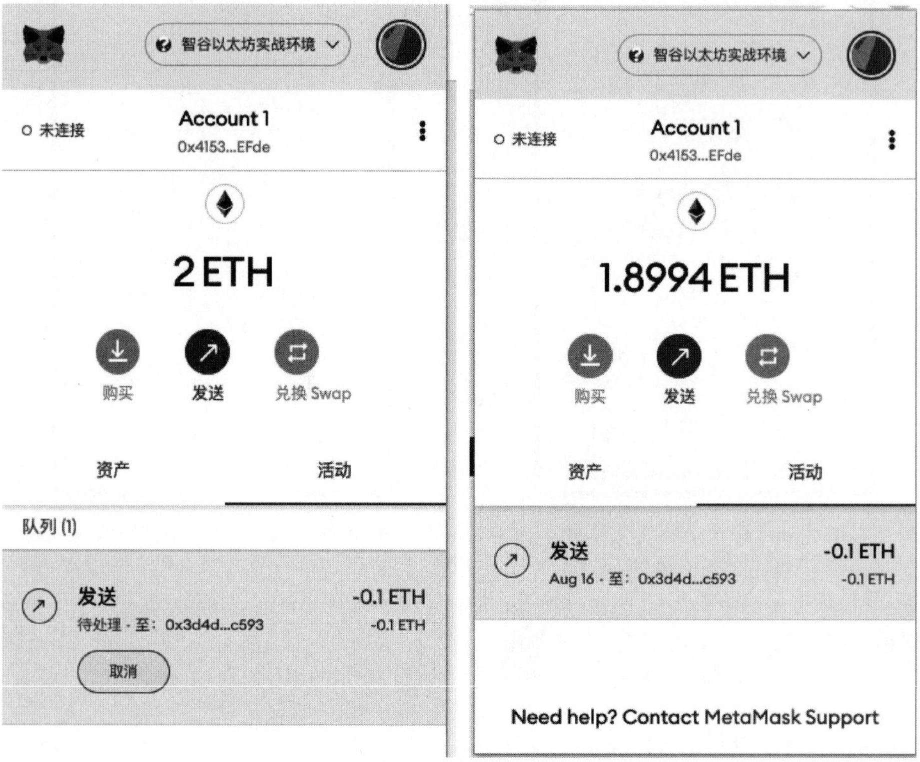

图 2-58 MetaMask 转账操作过程示例

4. 总结

使用 MetaMask 的轻量级客户端可以快速实现基于区块链的账户间转账。通过以上操作可以发现,虽然区块链账户加密机制比较复杂,但是区块链账户间转账实际只要知道账户地址即可,这个快捷的机制主要是依赖非对称加密公私钥的形式实现。

第3章 区块链点对点通信

【本章导学】

区块链系统与传统中心化系统在数据通信方面存在较大区别，传统中心化节点的数据通信大多是以客户端/服务器(Client/Server，C/S)架构实现；在区块链系统中，由于节点地位相同，所以通信以去中心化的方式实现，与传统技术相比在网络拓扑方面有较大不同。另外，由于区块链具有不同分类，每个分类基于的应用场景不同，所采用的网络拓扑通信方式也会不同。本章将围绕区块链点对点通信方式展开讲述。

【学习目标】

- 点对点网络的基本概念和特性；
- 点对点网络在区块链的应用场景。

3.1 点对点网络

区块链为一种“分布式记账”的技术，记录了一系列有顺序的交易。以传统的交易系统为例，比如银行系统均采用中心服务器架构，以银行服务器为中心节点，每个网点、ATM 机、手机 App 为客户端。当发起转账时，首先提供银行卡账号、密码等信息证明身份，然后生产一笔转账交易，发送到中心服务器后，中心服务器校验余额是否充足等信息，然后记录到中心服务器，即可完成一笔转账交易。

传统的网络服务架构大部分采用 C/S 架构或者都是浏览器/服务器(Browser/Server，B/S)架构，都是通过中心化的服务端节点，对需要申请服务的客户端或者是浏览器端进行应答和服务，客户端之间的通信需要依赖服务器的协作。

举个例子，即时通信客户端(例如微信等)进行消息收发的时候，手机客户端都会先把消息发给中心服务器，再由中心服务器转发给接收方客户端；而当通过银行转账时，则是会由银行先查看转账方的账户是否有足够余额，确认足够后，银行将这部分账款划给收款方账户。

C/S 模式和 B/S 模式都属于中心化的服务器架构,这种架构的优点是便于对服务进行维护和升级,同时便于管理。但这种架构也有缺点:首先由于中心化服务器架构只有单一的服务端,因此当服务端节点出现故障时,整个服务都会陷入瘫痪,也就是"单点故障";其次,中心化服务器节点的处理能力是有限的,因此中心服务节点往往成为整个网络的瓶颈。

在区块链网络中,并不存在一个中心节点来校验并记录交易信息,校验和记录工作由网络中的所有节点共同完成。当一个节点需要发起转账交易时,需要指明转账目的地址、转账金额,还需要对该交易进行签名。

由于不存在中心服务器,所以该交易会随机发送到网络中的邻近节点,邻近节点收到交易信息后,对交易的签名进行校验,确认身份合法性后,再校验余额是否充足等信息。验证完成后,它将该信息转发至自己的邻近节点。如此反复,直至网络中所有节点都收到该交易。最后矿工获得记账权后,则将该交易打包至区块,然后广播到整个网络。广播的过程同交易的广播过程,依然采用一传十、十传百的方式完成。收到区块的节点完成区块内容的校验后,将区块保存到本地,即交易生效。如图 3-1 所示为数据传输点对点比较。

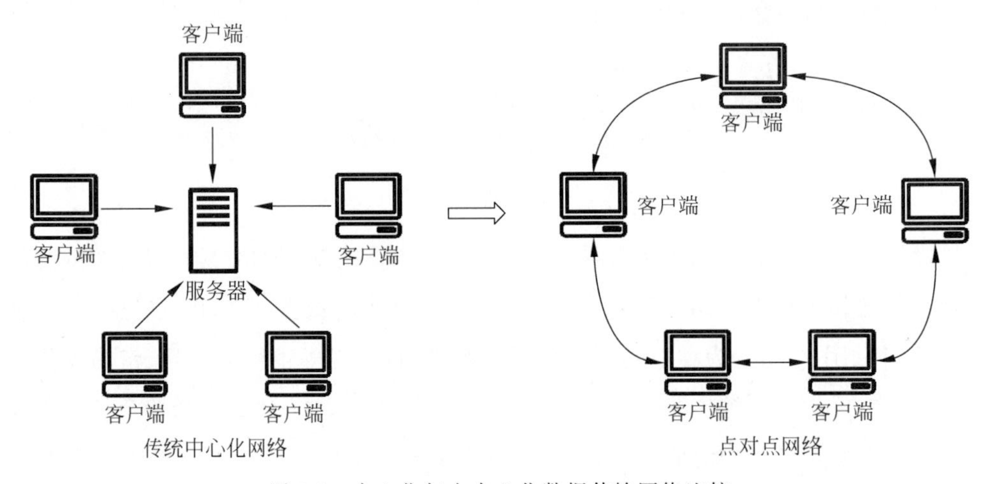

图 3-1　中心化与去中心化数据传输网络比较

3.1.1　点对点网络的基本概念

不同于有中心服务器的中心化网络系统,点对点(Peer-to-Peer,P2P)网络消除了中心化服务节点,将所有的网络参与者视为对等节点(Peer),并在它们之间进行任务和工作负载分配。P2P 网络结构打破了传统的中心服务器架构,去除了中心服务器,是一种依靠用户群共同维护的网络结构。

3.1.2 点对点网络的特点

由于节点间的数据传输不再依赖于中心服务节点，因此 P2P 网络具有以下特点。

（1）非中心化：P2P 网络的优势是它是非中心化的，网络中的资源和服务分散在所有节点上，信息的传输和服务的实现都直接在节点之间进行，可以无须中间环节和服务器的介入。

（2）可扩展性：P2P 网络通常都是以自组织的方式建立起来的，并允许节点自由地加入和离开。在 P2P 网络中，理论上其可扩展性几乎可以认为是无限的。例如，在传统的通过中心化服务器下载方式中，当下载用户增加之后，下载速度会变得越来越慢，然而 P2P 网络正好相反，加入的用户越多，P2P 网络中提供的资源就越多，下载的速度反而越快。

（3）健壮性：P2P 网络服务是分散在各个节点之间进行的，部分节点或网络遭到破坏对其他部分的影响很小。P2P 网络一般在部分节点失效时能够自动调整，保持其他节点的连通性。

3.2 点对点网络在区块链中的应用

总体来说，虽然客户端/服务器和浏览器/服务器等中心化的服务器架构应用非常成熟，但是这种存在中心服务节点的模式，显然不符合区块链网络的需求。

在区块链系统中，要求所有节点共同维护账本数据，即每笔交易都需要发送给网络中的所有节点。如果按照传统的中心化的服务器架构，中心节点要将大量交易信息转发给所有节点，这也是非常低效率的。

P2P 网络的这些设计思想和区块链的理念完全契合。在区块链中，所有交易及区块的传播不需要发送者将消息发给所有节点。节点只需要将消息发送给一定数量的相邻节点即可，其他节点收到消息后，会按一定的规则发给自己的相邻节点，通过指定的数据通信方式，实现节点间的数据传输，最终将消息发给所有节点。

3.2.1 点对点网络在公有链中的应用

公有链是区块链点对点网络的最典型的应用，在公有链中所有节点的联络度均相等，从理论上说所有节点都会有与其他节点通信的可能，这样构建出的区块链网络如图 3-2 所示。

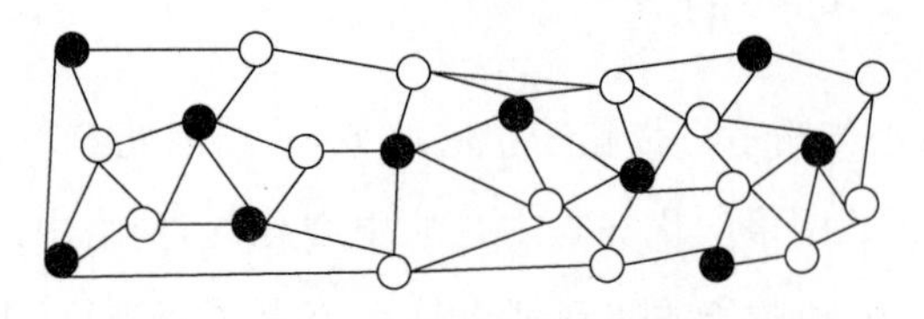

图 3-2　点对点应网络在公有链的应用

由于公有链的区块链节点有可能分布在世界各个地方，为了保证网络中所有的节点都能成为网络成员，如何设计点对点网络架构是区块链应用的一个研究方向。在区块链网络中发现周围节点并与周围节点通信的处理流程如下所述。

（1）节点会记住它最近成功连接的网络节点，当重新启动后它可以迅速与先前的对等节点网络重新建立连接。

（2）节点会在失去已有连接时尝试发现新节点。

（3）当建立一个或多个连接后，节点将一条包含自身 IP 地址的消息发送给其相邻节点。相邻节点再将此消息依次转发给它们各自的相邻节点，从而保证节点信息被多个节点所接收，保证连接更稳定。

（4）新接入的节点可以向它的相邻节点发送获取地址消息，要求它们返回其已知对等节点的 IP 地址列表。任何节点都可以找到需连接到的对等节点。

（5）在节点启动时，可以给节点指定一个正活跃节点 IP，如果没有，客户端也维持一个列表，列出了那些长期稳定运行的节点。这样的节点也被称为种子节点（其实和 BT 下载的种子文件道理是一样的），就可以通过种子节点来快速发现网络中的其他节点。

比特币节点通常采用 TCP 协议、使用 8333 端口与相邻节点建立连接，建立连接时也会有认证“握手”的通信过程，用来确定协议版本、软件版本、节点 IP、区块高度等。当节点连接到相邻节点后，接着就开始跟相邻节点同步区块链数据（轻量级钱包应用其实不会同步所有区块数据），节点间会交换一个 getblocks 消息，它包含本地区块链最顶端的哈希值。如果某个节点识别出它接收到的哈希值并不属于顶端区块，而是属于一个非顶端区块的旧区块，则说明其自身的本地区块链比其他节点的区块链更长，并告诉其他节点需要补充区块，其他节点发送 getdata 消息来请求区块，验证后更新到本地区块链中。

3.2.2　点对点网络在联盟链中的应用

联盟链也是点对点网络通信的应用场景之一。与公有链不同，在联盟链中的不同节点具有不同的角色与权限。以超级账本 Fabric 网络系统为例，系统网络包括诸多类型的节点，如 Orderer 节点、验证节点、提交节点等，在网络中数据的流向也不同。整体上具体的流通方式如图 3-3 所示。

由于在联盟链中节点的权限不同，数据传输往往会流向局部的数据中心，再从数据中心将数据分发给其他的节点，所以在点对点网络在联盟链中并不是完全的去中心化，我们可以理解为“弱中心化”或者“多中心化”网络。

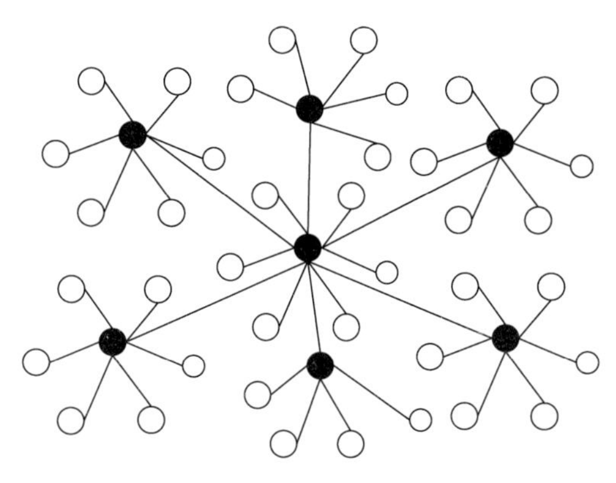

图 3-3　点对点网络在联盟链的应用

第4章 区块链的分布式共识

【本章导学】

在区块链系统这样的非中心化系统中，并不存在中心权威节点，由于参与的各个节点的自身状态和所处的网络环境不尽相同，而交易信息的传递又需要时间，并且消息传递本身并不可靠，所以每个节点收到的需要记录的交易内容和顺序也很难保持一致。此外，由于区块链中参与的节点身份难以控制，还可能出现恶意节点故意阻碍信息传递或者发送不一致的信息给不同节点，从而扰乱整个区块链系统的记账一致性。因此，区块链系统的记账一致性问题，是一个非常关键的问题，关系到整个区块链系统的正确性和安全性。

【学习目标】

- 熟悉分布式共识的基础知识以及分布式共识的历史；
- 熟悉分布式共识的定理以及分布式算法的分类；
- 掌握常用分布式共识算法的原理、实现过程以及应用场景；
- 熟悉共识算法的实训案例。

4.1 分布式共识的基础

4.1.1 “分布式”与“共识”

可以把分布式共识分为“分布式”和“共识”两方面进行理解。

1. 分布式

分布式的字面含义是分散的，与其相对的概念是中心化。在区块链领域中，分布式的概念应用很广，但主要可以概括为每个节点有自主管理权(Self-Governance)，且成员之间可以点对点地完成信息的交换或资产的交易。能实现以上功能的系统称为分布式系统。

2. 共识

共识问题实际上是社会科学和计算机科学领域共同的经典问题。最早可以追溯到1959年Edmund Eisenberg和David Gale发表的以"有主观思想的个体"为对象所做的"共识概率分布"的社科研究。而在计算机领域中的里程碑式的共识研究是在1975年由纽约州立大学的E. A. Akkoyunlu、K. Ekanadham和R. V. Huber在论文中提出的"计算机通信两军问题"。该研究主要论证了在不可靠的通信链路上试图通过通信达成共识是不可能的。

3. 分布式共识

区块链是典型的分布式系统。在区块链系统中,如何让每个节点通过一定的规则将各自的记账保持一致是非常关键的问题,这个问题的解决方案就是共识机制。为分布式系统设计的、目的是让所有参与记账的节点所记的信息保持一致的算法,就是分布式共识算法。

4.1.2 分布式系统

分布式系统(Distributed System)是相对于中心化系统的系统统称,是由一组"通过网络进行通信、为了完成共同的任务而协调工作的"计算机节点组成的系统。

分布式系统通常通过维护多个副本来进行容错,共识算法的核心问题是维护多个副本的一致性,即在部分副本由于各种原因发生错误的情况下,整体集群仍能正常对外提供服务。

在分布式系统中,多个主机通过异步通信的方式组成网络集群。在这样的异步系统中,需要主机之间进行状态复制,以保证每个主机处于一致的状态。然而在异步系统中,可能出现突然无法通信的故障主机,也可能出现网络拥塞和延迟,还可能出现错误信息。在传统的网络软件结构中,这几乎不是一个问题,因为有一个中心服务器存在,所以其他从库向主库看齐即可。但区块链是一个分布式的网络结构,在这个结构中每个节点是地位对等的,一切都要"商量着来"。

4.1.3 分布式计算

分布式计算(Distributed Computing)是研究分布式系统如何有效运算的计算机科学。大多数情况下,分布式计算的核心是把需要进行大量计算的工程数据分割成小块,由多台计算机分别计算,上传运算结果,并将结果统一合并得出数据结论。分布式计算需要组件之间彼此进行交互以实现一个共同的目标。

目前分布式计算项目通常使用世界各地的千万个志愿者计算机的闲置计算能力，通过互联网进行数据传输，来解决一些对人类关系重大的科学问题。例如，分析计算蛋白质的内部结构和相关药物的 Folding@home 项目，该项目结构庞大，需要惊人的计算量，由一台计算机计算是不可能完成的。虽然现在有了计算能力超强的超级计算机，但这些设备造价高昂，而一些科研机构的经费却又十分有限，借助分布式计算可以花费较小的成本来达到目标。

4.1.4 分布式账本

分布式账本(Distributed ledger)又称共享账本，是一种能在网络成员之间共享和同步的数据库。分布式账本记录网络参与者之间的交易，比如资产或数据的交换。分布式账本不存在中央管理员或集中的数据库，并通过点对点网络和共识机制确保了跨节点的数据复制，降低了因协调不同账本所产生的时间和费用成本。区块链系统就是分布式账本的一种。

4.2 分布式一致性简史

分布式一致性(Distributed Consistency)是指分布式的系统在状态上达成一致。简单来说，就是不同的人对一件事情产生了共识。大家或许会对一致(Consistency)与共识(Consensus)含义的差别产生疑问。在这里仅作简要说明，一般认为，共识研究侧重于分布式系统达成共识的算法以及过程，一致性研究则更侧重于系统最终达成的稳定状态。不过，因为一致性的结果是共识算法的目标，两者是不可分割的，所以在很多文献和应用场景中，两个概念也并没有被严格区分，而是可互换的。

1. 计算机的两军问题

1975 年，纽约州立大学石溪分校的阿克云卢(E. A. Akkoyunlu)、埃卡纳德汉姆(K. Ekanadham)和胡贝尔(R. V. Huber)首次提出了计算机领域的两军问题。两军问题表明，在不可靠的通信链路上，试图通过通信达成一致是存在缺陷和困难的。两军问题是计算机领域的一个思想实验，开启了计算机科学界对用代码实现信任体系的研究。

2. 分布式计算的共识问题

分布式计算的共识问题于 1980 年由马歇尔・皮斯(Marshall Pease)等提出。该问题主要研究在一组可能存在故障节点且通过点对点消息通信的独立处理器网络中，如何针对一个特定事件达成一致共识。

3. 拜占庭将军问题

拜占庭将军问题(The Byzantine generals problem)也称为拜占庭容错,是在1982年由图灵奖得主莱斯利·兰伯特(Leslie Lamport)为具象描述分布式系统研究提出的一个著名的虚拟问题。

拜占庭位于如今土耳其的伊斯坦布尔,是东罗马帝国的首都。由于当时拜占庭帝国国土辽阔,为了达到防御目的,每个军队都分隔很远,将军与将军之间只能靠信差传递消息。在发生战争的时候,拜占庭军队内所有将军和副官必须达成共识,决定是否有赢的机会才去攻打敌人的阵营。但是,在军队内有可能存在叛徒和敌军的间谍,他们能够影响将军们的决定,又会扰乱整体军队的秩序。而达成共识的结果并不代表大多数人的意见。这时候,在已知有成员谋反的情况下,其余忠诚的将军要想办法在不受叛徒的影响下达成一致的协议,拜占庭将军问题就此形成。

拜占庭将军问题是一个协议问题,拜占庭帝国军队的将军们必须全体一致地决定是否攻击某一支敌军。问题是这些将军在地理上是分隔开来的,并且将军中存在叛徒。叛徒可以任意行动以达到以下目标:欺骗某些将军采取进攻行动;促成一个不是所有将军都同意的决定,如当将军们不希望进攻时促成进攻行动;或者迷惑某些将军,使他们无法做出决定。如果叛徒达到了这些目的之一,则任何攻击行动都是注定要失败的,只有完全达成一致的努力才能获得胜利。图4-1所示为拜占庭将军问题。

图4-1 拜占庭将军问题

拜占庭假设是对现实世界的模型化,将拜占庭将军问题延伸到互联网生活中来,其内涵可概括为:在互联网大背景下,当需要与不熟悉的对方进行价值交换活动时,人们如何才能防止不会被其中的恶意破坏者欺骗、迷惑从而作出错误的决策。进一步将拜占庭将军问题延伸到技术领域中来,其内涵可概括为:在缺少可信任的中央节点和可信任的通道的情况下，分布在网络中的各个节点应如何达成共识。

现如今，拜占庭将军问题仍是公认的最难问题。科学家们认为，在存在消息丢失的不可靠信道上试图通过消息传递的方式达到一致性是不可能的。

拜占庭将军问题最终想解决的是互联网交易、合作过程中的4个问题，分别为信息发送的身份追溯、信息的私密性、不可伪造的签名和发送信息的规则。

可以说，拜占庭将军问题是区块链技术想要解决的核心问题，直接影响着区块链系统共识算法的设计思路和实现方式，因而在区块链技术体系中具有重要意义。

4.3 分布式共识的定理

4.3.1 FLP定理

1985年，由Fischer、Lynch和Patterson 3位科学家发表的论文*Impossibility of Distributed Consensus with One Faulty Process*指出：在网络可靠，但允许节点失效(即便只有一个)的最小化异步模型系统中，不存在一个可以解决一致性问题的确定性共识算法(No completely asynchronous consensus protocol can tolerate even a single unannounced process death)。以上结论被称为FLP不可能定理。该定理被认为是分布式系统中重要的原理之一。

此定理实际上告诉人们，不要浪费时间去为异步分布式系统设计在任意场景下都能实现共识的算法。

4.3.2 CAP定理

1. CAP理论的由来

CAP理论最早是2000年由Eric Brewer在ACM组织的一个研讨会上提出的猜想，后来Lynch等人进行了证明。该原理被认为是分布式系统领域的重要原理之一。

2. CAP的定义

CAP理论中的字母“C”为一致性(Consistency)。这里的一致性指的是强一致性。强一致性意味着，当系统的更新操作成功并返回客户端完成后，所有节点在同一时间的数据完全一致。

CAP理论中的字母“A”为可用性(Availability)，指的是分布式系统可以在正常响应时间内提供相应的服务。

CAP 理论中的字母“P”为分区容错性(Partition Tolerance)。分布式系统在遇到某节点或网络分区故障的时候,仍然能够对外提供满足一致性和可用性的服务。关于分区的含义是指在各分布式系统里面,由节点组成的网络本来应该是连通的。然而可能因为一些故障,使得有些节点之间不连通了,整个网络就分成了几个区域。数据散布在这些不连通的区域中,这就叫分区。

分区容错性的含义是当一个数据项只在一个节点中保存时,分区出现后,和这个节点不连通的部分就无法访问这个数据了,这时分区就是无法容错的。提高分区容错性的办法就是将一个数据项复制到多个节点上,出现分区后,这一数据项就可能分布到各个分区中,容错性就提高了。

CAP 理论实际上是指一个分布式系统最多只能同时满足一致性(Consistency)、可用性(Availability)和分区容错性这 3 项中的两项,如图 4-2 所示。

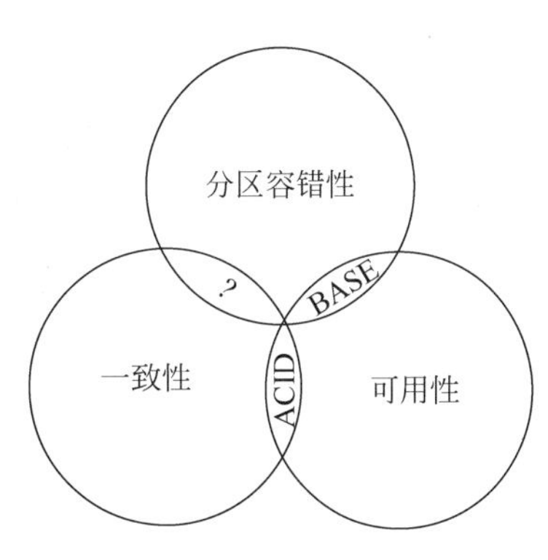

图 4-2　CAP 理论三要素

通过 CAP 理论,如果无法同时满足一致性、可用性和分区容错性,那么要舍弃哪个呢？对于多数大型互联网应用的场景,主机众多、部署分散,而且现在的集群规模越来越大,所以出现节点故障、网络故障是常态,而且要保证服务可用性达到 N 个 9,即保证 P 和 A,舍弃 C(退而求其次保证最终的一致性)。虽然某些地方会影响客户体验,但没达到影响用户流程的严重程度。对于涉及钱财这种不能有一丝让步的场景,必须保证 C。网络发生故障时宁可停止服务,这是保证 C 和 A,舍弃 P。还有一种是保证 C 和 P,舍弃 A。例如,网络故障是只读不写,孰优孰劣,没有定论,这时只能根据场景定夺,适合的才是最好的。

4.4 共识算法

区块链用代码和算法在虚拟世界里建立了一个很稳固的信用系统。要理解这个信用系统,就需要掌握区块链的共识机制。

区块链通过全民记账来解决信任问题,但是所有节点都参与记录数据,那么最终以谁的记录为准呢？或者说,怎么样保证所有节点记录的是一份相同的正确数据呢？这就是如何达成共识的问题。

在区块链系统这样的非中心化系统中,并不存在中心权威节点。由于参与的各个节点的自身状态和所处网络环境不尽相同,而交易信息的传递又需要时间,并且信息传递本身并不可靠,所以每个节点收到的需要记录的交易内容和顺序也难保持一致。此外,由于区块链中参与的节点身份难以控制,还可能出现恶意节点故意阻碍信息传递或者发送不一致的信息给不同节点,从而扰乱整个区块链系统的记账一致性。因此,区块链系统的记账一致性问题是非常关键的,关系着整个区块链系统的正确性和安全性。

在区块链系统中,如何让每个节点通过一定的规则将各自的记账保持一致是一个很关键的问题,这个问题的解决方案就是共识机制。

4.4.1 共识的过程

为了更好地理解共识过程模型,先介绍一下节点的分类及其负责事项。

(1) 数据节点:生产数据或者交易的节点,即大多数使用区块链应用的用户。数据节点是最普通的节点,数据节点的集合是区块链网络节点的集合。

(2) 矿工节点:对生成的数据进行验证、打包、更新上链的节点(矿工),矿工节点通常会全体参与公式竞争过程,记为 M(Miners)。

(3) 代表节点:在特定算法中会选举节点作为代表来参与共识过程并竞争记账权,记为 D(Delegates)。

(4) 记账节点:通过共识过程竞争和选出记账节点,记为 A(Accountants)。

如图 4-3 所示为区块链过程的基础模型中的 4 个具体步骤:选主(Leader Election)、造块(Block Generation)、验证(Validation)和上链(Chain Updation)。

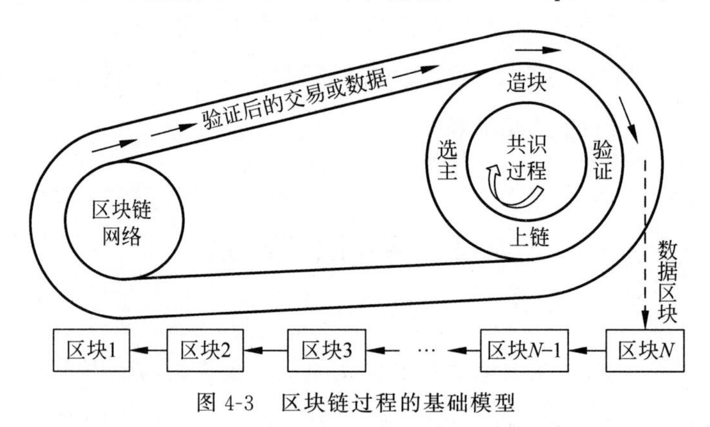

图 4-3 区块链过程的基础模型

1. 选主

选定一个区块的验证者(记账者)是共识过程的第一步也是最核心的一步。选主是通过证明、联盟、随机、选举或者混合等方式从全体矿工节点中选出记账节点的过程，可以表达为公式，用函数代表共识机制的具体实现方法。

2. 造块

记账节点将交易打包到一个区块中，并将生成的新区块广播给全体矿工节点（或代表节点）。这些交易或者数据通常根据交易费用、交易优先级、等待时间等多种因素综合排序后，依序打包进入新区块。

3. 验证

矿工节点/代表节点收到广播的新区块后，将各自验证区块内数据的正确性和合理性。如果新区块获得大多数代表节点的认可，则该区块正式作为下一个区块部署到链上。

4. 上链

由记账节点将新区块添加到主链最末端，与父区块通过哈希值相连，形成一个新的记录完整账本数据的区块链。如果主链存在分叉，则需要根据相关共识规则，判别并选出一条合适的分支作为主链。如果把共识过程看作一个黑箱，那么输入的是数据或交易信息，输出的是封装好的数据区块以及更新了新区块的区块链。

4.4.2 共识算法的分类

共识算法有非常多不同的分类依据，且不同分类之间又有所交叉，很容易让人觉得混乱，这是分布式共识学习早期非常正常的现象。我们可将共识算法的分类作为了解共识算法的工具手段，更重要的是了解每一种共识算法的思路（选主策略、容错类型、具体步骤等）。

1. 基于选主策略的分类

根据选主策略，可以大致将区块链共识算法分为选举类、证明类、随机类、联盟类以及混合类。

1）选举类共识

矿工节点在每一轮选举过程中通过投票的方式选出本轮的记账节点（因此也叫投票类共识），获得半数以上选票的矿工获得记账权。常见于传统分布式一致性算法，例如 Paxos 和 Raft。常用拜占庭容错共识算法也是一种选举类共识算法，只是 PBFT 需要满足的是 1/3 的容错率。投票式共识的局限性是，如果参与人数太多，那么投票过程会很慢。此外，如果区块链系统的共识节点是一个开放的网络，不断有共识节点加入和退出，投票式共识也面临挑战。

2）证明类共识

矿工节点需要证明自己具有某种特定的能力，证明的方式通常是竞争性地完成某项难度很高的任务，在竞争中胜出的矿工节点将获得记账权。例如，PoW 和 PoS 分别是基于矿工的算力和权益来完成随机数搜索任务。

3）随机类共识

矿工节点随机决定每一轮的记账节点。此类算法现在的应用比较少见，例如 Algorand 和 PoET。

4）联盟类共识

矿工节点首先基于某种特定方式选出一组代表节点(Delegates)，然后代表节点轮流或抽签作记账节点，例如 DPoS 共识算法。

5）混合类共识

混合类共识采用多于一种共识算法来选择记账节点，例如 PoW＋PoS 混合共识、DPoS＋BFT 混合共识。

2. 基于容错类型的分类

区块链共识算法也可分为拜占庭容错和非拜占庭容错两类。

1）拜占庭容错共识

拜占庭容错共识，即能够处理拜占庭故障的共识算法，例如最典型的建立在拜占庭将军问题上的 PBFT 算法和 PoW 算法。

2）非拜占庭容错共识

非拜占庭容错共识，即不能容忍或处理拜占庭故障的共识算法，这类算法只能容忍故障-停止或者故障-恢复等普通的崩溃故障。其中最著名的是 Paxos 和 Raft。

3. 基于部署方式的分类

根据区块链的部署方式，可以把共识算法分为公有链共识、联盟链共识和私有链共识。

1）公有链共识

公有链共识适用于公有链系统，这类共识去中心化程度高，人人都可参与，因此需要能解决包括恶意攻击在内的拜占庭故障，技术效率偏低。

2）联盟类共识

联盟类共识适用于联盟链，去中心化程度低于公有链共识，但技术效率远远高于公有链共识。例如超级账本 Fabric 使用的 PBFT 共识算法。

3）私有链共识

私有链共识适用于私有链的共识算法，通常是完全中心化的，即由一个中心节点来提出共识建议，其他节点按照这个建议执行。例如经典的 Paxos 和 Raft 共识算法。

图 4-4 所示为区块链共识算法的分类。

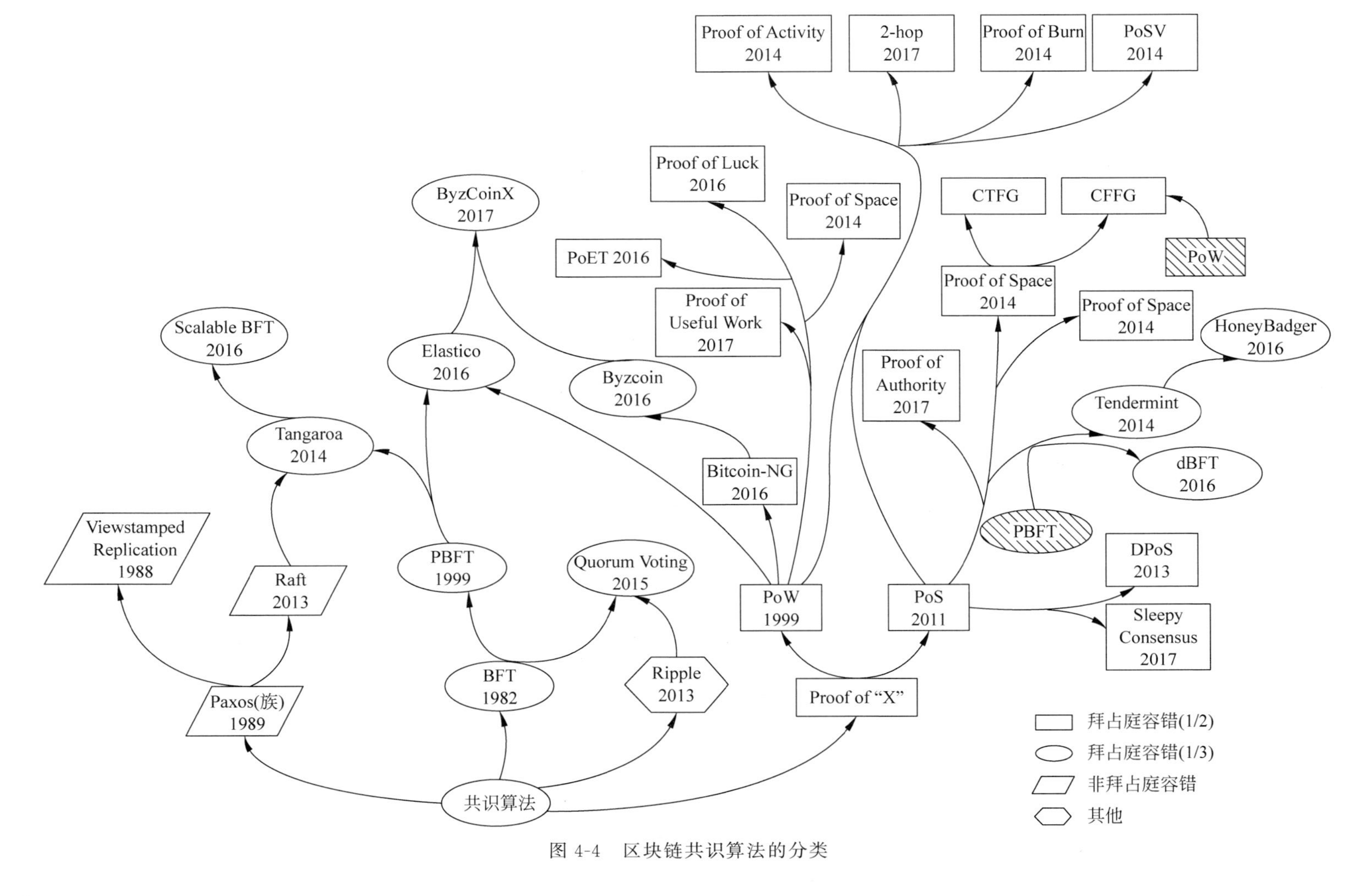

图 4-4 区块链共识算法的分类

4.4.3 主流的区块链共识算法

1. 工作量证明

PoW是历史最悠久和迄今为止最安全可靠的共识算法，也是比特币系统采用的共识算法。同时，PoW也是一种应对服务与资源滥用或是阻断服务攻击的经济对策。它的本质是利用工作方和验证方所需工作量的不对称性，以耗用的时间、设备与能源作为担保成本，来确保服务与资源用于满足真正的需求。工作量证明的主要特征是客户端需要花不少时间来做有一定难度的工作，然后得出一个结果；相反地，验证这个结果是非常容易的。它最常采用的技术原理是哈希函数。如比特币的工作量证明（挖矿）就是去找到一个SHA256哈希值的输入值。

简单来说，工作量证明就是一个抽签类共识。工作量证明的主要特征是计算的不对称性，节点需要做一定难度的工作来得到一个结果，而验证方很容易通过结果来检查节点是不是做了相应的工作。

这类算法的核心思想实际上是所有节点竞争记账权，而对每一批次的记账（或者说，挖出一个区块）都赋予一个"难题"，要求只有解出这个难题的节点挖出的区块才是有效的。同时，所有节点都不断地通过试图解决难题来产生自己的区块，并将自己的区块追加到现有的区块链之后，但全网络只有最长的链才被认为是合法且正确的。

具体来说，每个矿工节点不断猜测一个随机数，利用该随机数，结合原有交易数据，使得产生的块中的哈希值满足一定条件。由于哈希计算是一个不可逆的过程，所以除了反复猜测随机数进行计算验证外，没有有效的方法能够逆推出符合条件的随机数。在比特币系统中，可以通过调整计算出来的哈希值所需要满足的条件来控制计算出新区块的难度。

通过控制区块链的增长速度，工作量证明还保证了若有一个节点成功解决难题完成出块，该区块能够以更快的速度（与其他节点解决难题的速度相比）在全部节点之间传播，并且得到其他节点验证的特性；这个特性再结合它所采用的"最长链原则"的评判机制，就能够在大部分节点都是诚实（正常记账，认同最长链原则）的情况下，避免恶意节点对区块链的控制。这是因为在诚实节点占据了全网50%以上算力时，可以预见，当前最长链的下一个区块很大概率也是诚实节点产生的，并且该诚实节点一旦解决了"难题"并生成了区块，很快就会告知全网的其他节点，而全网的其他节点在验证完该区块后，便会基于该区块继续解决下一个难题并生成后续的区块，这样一来，恶意节点很难完全掌控区块的后续生成。

总的来说，工作量证明共识算法有以下的优点。

(1) 架构简洁，容易理解。

(2) 攻击的成本非常高昂，难以实现。这是由于要获得多数节点承认，攻击者必须投入超过总体一半的运算量(>50%的攻击)，才有机会篡改结果。

(3) 在一定程度上保证了公平性，投入的算力与获得打包权的概率成正比。

虽然 PoW 是业界公认安全可靠和使用最广泛的共识算法，在几乎完美地实现了诸如比特币的加密货币的发行和流通的同时，保障了系统的去中心化。但与此同时，其计算开销和能源消耗(主要是电力消耗)一直饱受诟病，同时矿池不断增大规模而引发的“中心化问题”也争议不断。

2. 权益证明

权益证明(Proof of Stake)也称凭证类共识，这类算法引入了“凭证”的概念，根据每个节点的属性(持币数、持币时间、可贡献的计算资源、声誉等)，定义每个节点出块的难度或者优先度，并且取凭证排序中最优的节点，或者取凭证排序中比较靠前的小部分节点进行加权，随机抽取某个节点进行下一段时间的记账出块。

这类型共识算法在一定程度上降低了整体的出块开销，同时能够有选择地分配出块资源，即根据应用场景选择“凭证”的获取来源，是一个改进的方向。然而凭证的引入提高了算法的中心化程度，有可能造成“贫者愈贫，富者愈富”的马太效应。

3. 委托权益证明

委托权益证明(Delegated Proof of Stake，DPoS)是紧接着 PoS 提出的共识算法，弥补了 PoS 算法中拥有记账权益的参与者未必希望参与记账的缺陷。DPoS 共识算法的基本思路类似于“董事会决策”：节点可以将其持有的权益(股份)授予一个代表，获得票数最多且愿意成为代表的前 N 个节点将进入董事会，轮流对交易进行打包结算，并且签署(即生产)新区块。如果说 PoW 和 PoS 分别是“算力公平竞争”和“权益角逐”的话，则 DPoS 可被认为是“民主集中式的记账方式”。

4. 实用拜占庭容错

实用拜占庭容错(Pratical Byzantine Fault Tolerance，PBFT)算法由 Miguel Castro 和 Barbara Liskov 于 1999 年提出。

PBFT 算法解决了之前 BFT 算法容错率较低的问题，它可以在恶意节点少于三分之一的情况下，保证系统的正确性(避免分叉)。且它降低了算法复杂度，与原始的 BFT 算法相比，其算法复杂度从指数级降低到了多项式级，这使得 BFT 算法可以实际应用于分布式系统。

PBFT 算法的正常运行有 5 个步骤：请求(Request)、预备(Pre-prepare)、准备(Prepare)、确认(Commit)和回复(Reply)，如图 4-5 所示为 PBFT 算法的典型案例。

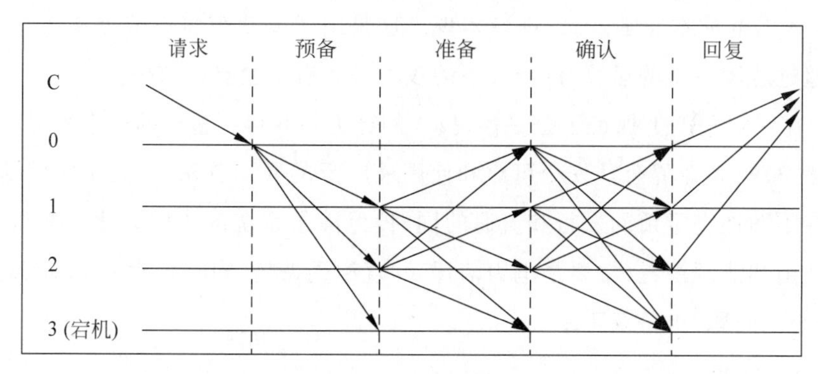

图 4-5　PBFT 算法的典型案例

步骤 1：请求。请求端 C 向主节点 0 发送请求信息<REQUEST,o,t,c>，其中，o 为操作，t 为时间戳，c 为客户端编号。在示例中，为客户端 C 发送请求到主节点 0。

步骤 2：预备。主节点 0 向所有副本节点广播预备消息<PRE-PREPARE,v,n,d,m>这一步的目的是让每个节点都获取原始消息。其中，v 为视图编号，n 是主节点为该请求分配的编号，d 是原始信息摘要，m 是客户端发送的原始请求信息。在示例中，主节点 0 收到 C 的请求后进行广播，扩散至备份节点 1、2、3。

步骤 3：准备。备份节点 i 收到并验证通过预备信息后，立即进入准备阶段并向其他节点广播准备消息<PREPARE,v,n,d,i>，其中，v、n、d 与预备阶段相同；主节点和所有备份节点在收到准备消息后验证其有效性，如果验证通过，则将消息写进日志(Blog)。

在示例中，备份节点 1、2、3 收到消息后，记录并再次广播。路径为 1→0→2→3，2→0→1→3，而 3 因为宕机无法完成广播。

步骤 4：确认。当 PREPARED<m,v,n,i>为真时，备份节点 i 将确认消息<COMMIT,v,n,$D(m)$,i> 向除自己以外的其他节点广播，其中，$D(m)$为 m 的信息摘要。所有备份节点在收到确认消息后，验证其有效性，若有效，则写入日志。

在示例中，若节点 0、1、2、3 在准备阶段收到超过一定数量的相同请求，则进入确认阶段，记录并广播确认请求。

步骤 5：回复。当<COMMITED-local (m,v,n,i) >为真时，系统将按序号依次执行请求。执行结束后，备份节点向客户端发送回复信息<REPLY,v,t,c,i,r>，其中，v 为视图编号，t 为时间戳，c 为客户端编号，i 为备份节点编号，r 为操作结果。客户端 C 等待来自 $f+1$ 个不同备份节点的相同响应，这些消息需要具备验证签名、相同的时间戳 t 和操作结果 r，才能被视为正确有效(因为失效的备份节点不超过 f 个)。

在示例中，若节点 0、1、2、3 在确认阶段判断确认为真，或者说收到一定数量的相同请求，则对 C 进行回复。

解释说明：在准备和确认阶段，在 $2f+1$ 个状态复制机的沟通内节点就要做出决定，这样才可以确保一致性。考虑最坏的情况：假设收到的请求有 f 个来自正常节点，也有 f 个请求来自恶意节点，那么，第 $2f+1$ 个只可能来自正常节点(因为此处限制最多只有 f 个恶意节点)。由此可知，"大多数"正常节点是可以让系统工作下去的。所以 $2f+1$ 这个参数和 $n>3f+1$ 的要求是逻辑自洽的。

5. 混合共识算法

PoW 类共识虽然安全性高，但会浪费大量资源，并且交易非常缓慢，随着以太坊智能合约的兴起也渐渐失去了吸引矿工留下的激励作用。BFT 类算法能很好地解决 PoW 的"历史遗留问题"，但由于成本较低，所以安全性得不到非常高的保障。

为了得到更安全且不会耗费太多资源的算法，产生了一些基于已有共识算法的混合式共识算法。凭证类-拜占庭容错共识算法(PoS-BFP)就是其中一种。

在早期的 PoS 算法中，成功挖出区块的人会向全网广播，但其他见证人无法对此进行确认，不仅如此，他们必须在自己生产区块时才能确认之前的区块。在加入了拜占庭容错算法的新算法中，每个见证人在出块时依然进行全网广播，不同的是其他见证人将在收到广播后立刻对其进行验证，并将签名事实传回出块见证人手里。在全网达到 2/3 确认的瞬间，区块产生，交易成立，这使得交易时间大大缩短。

4.4.4 常见共识算法的比较

常见共识算法的比较如表 4-1 所示。

表 4-1 常见共识算法的比较

算法	关键	实现途径	优势	适用场景
PoW	算力	投资矿机	验证方易核验，求验方(持币人)公平竞争	稀缺资源竞争，如拍卖
PoS	所持资源	囤积代币	快速、高效、分散、灵活	大多数交易，分布式云
BFT	信誉与安全性	在自己专业的领域持续做对的事	激励制度完善	选举投票

4.4.5 共识算法实训案例

1. 实训目的

本实训将模拟工作量证明(PoW)算法在区块链的使用。根据之前学习的内容，PoW 算法为所有矿工节点竞争账本记账权的过程，在智谷区块链沙箱平台(http://env.zhiguxingtu.com/)可以模拟此过程。选择进入“分布式共识实训”(如图 4-6 所示)，显示内容如图 4-7 所示。

智谷星图 SV Insight | 区块链实践环境　首页　环境库　任务库

全部(10)　以太坊实战环境(5)　智谷区块链沙箱(5)　FISCO BCOS实战环境(0)　JD Chain区块链实战环境(0)　智谷CTIS教育链实战环境(0)

任务库　请输入任务名称　搜索

任务码	任务名称	难度	环境	作者	操作
1009	哈希函数体验	★☆☆☆☆	智谷区块链沙箱	智谷星图 2021-08-04	进入
1010	公私钥体验	★★★☆☆	智谷区块链沙箱	智谷星图 2021-08-05	进入
1011	加密解密	★★★☆☆	智谷区块链沙箱	智谷星图 2021-08-05	进入
1012	账本初识	★★☆☆☆	智谷区块链沙箱	智谷星图 2021-08-05	进入
1013	分布式共识实训	★★★★★	智谷区块链沙箱	智谷星图 2021-08-17	进入

图 4-6　选择“分布式共识实训”

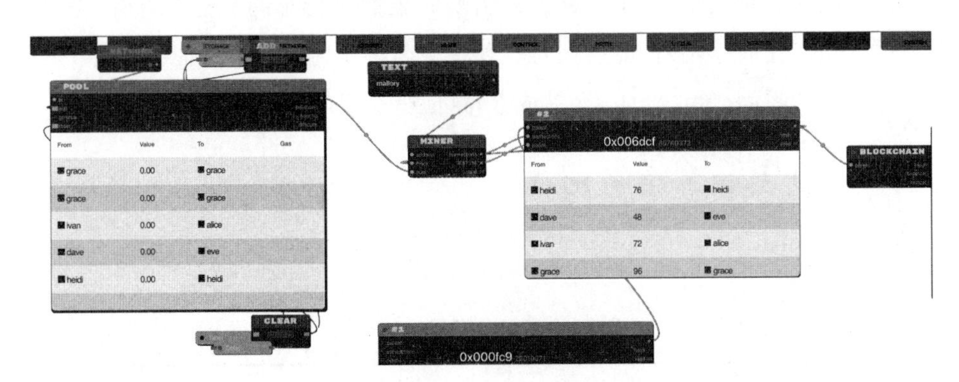

图 4-7　分布式共识实训显示内容

图 4-7 内有诸多功能模块，主要功能如下所述。

(1) POOL 模块模拟每个节点内部交易池的生成内容，在实训平台中已经将 POOL 模块内部的交易动态制作为动态生成，大家可以观察到模块内交易会动态改变，可以直接引用此模块作为矿工节点交易池使用。

(2) MINER 模块用于竞争账本记账权，此模块会不断生成哈希值以匹配新区块的要求。在 MINER 模块中有诸多属性，包括 address、block 等，address 代表 MINER 模块竞争到新区块的奖励地址，block 代表选择要竞争的新区块，transactions 代表新区块中存储的交易数据，不断变化的数字代表竞争哈希的输入值。

(3) BLOCK 模块：如图 4-7 中的"#2"为 Block 模块，"#2"代表高度为 2 的区块，在实训界面还有"#1"的区块，两个区块通过 parent 输出相连从而形成"区块链"。另外，transaction 代表区块中要存储的交易，nonce 表示匹配的竞争哈希值。接下来开始操作模拟 PoW 竞争记账。

2. 实训步骤

步骤一：设置 MINER 模块 Properties 的 difficulty 为 3，如图 4-8 所示。

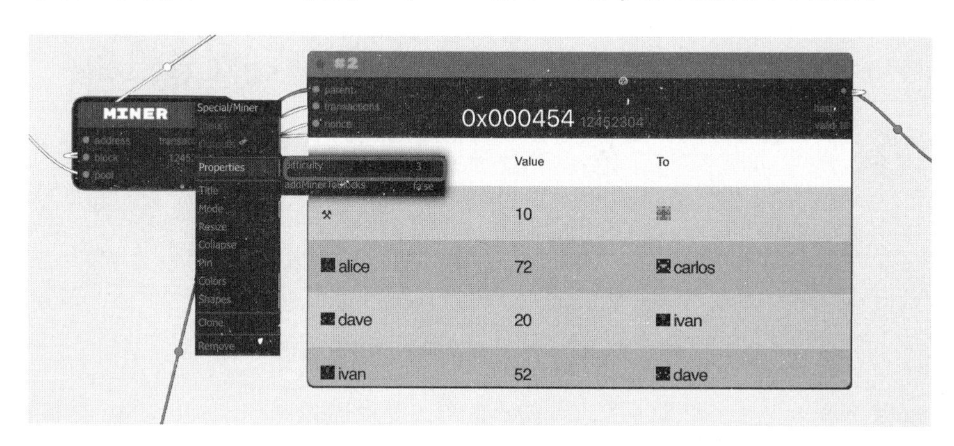

图 4-8　设置挖矿的难度示例

设置 BLOCK 模块的 Properties 的 difficulty 为 3，并且设置为允许挖矿，如图 4-9 所示。

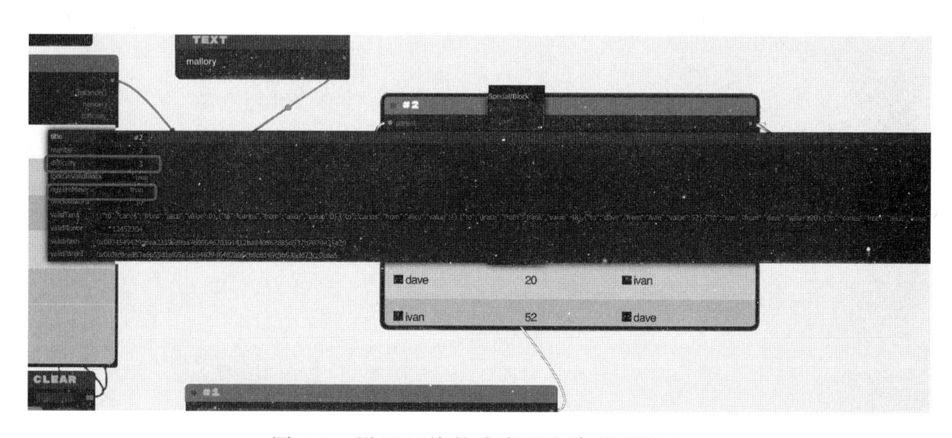

图 4-9　设置区块的难度和允许挖矿设立

步骤二：复制 MINER 模块和 BLOCK 模块生成两组竞争账本的对象，并按照“♯2”的模式连接，如图 4-10 所示。

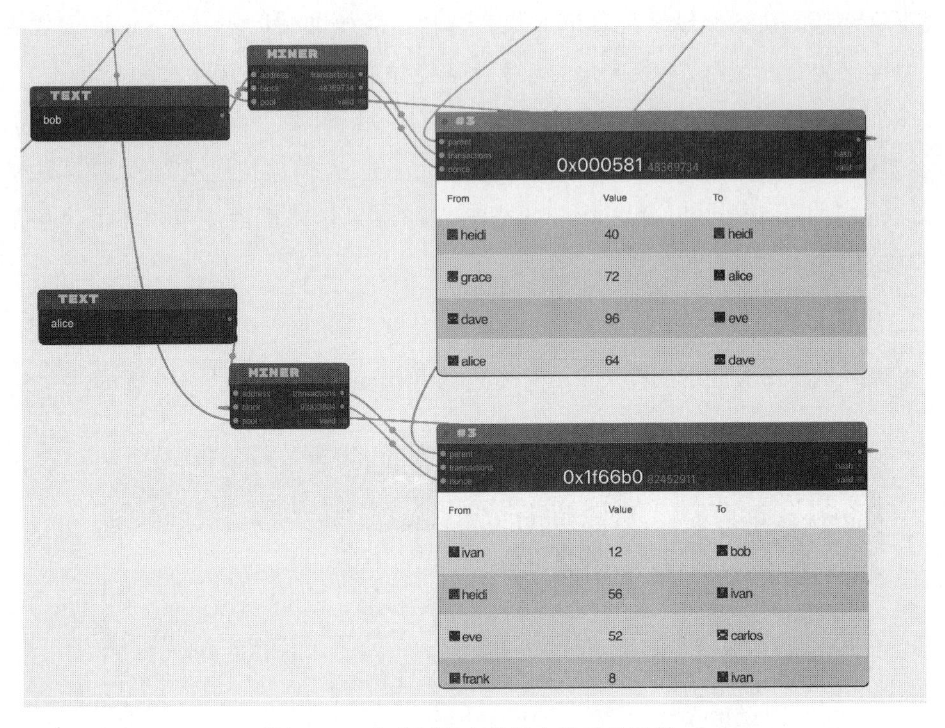

图 4-10　生成两组竞争账本的对象示例

需要注意的是，新区块的 parent 输入为“♯2”的输出才能形成链，并且两个 MINER 的 pool 都要与 POOL 模块相连，如图 4-11 所示。

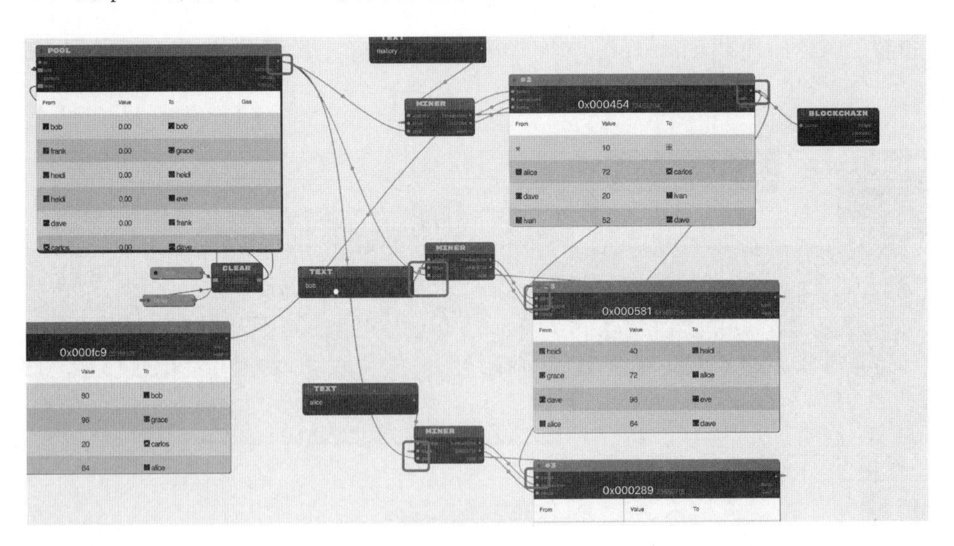

图 4-11　竞争账本的设置示例

步骤三：确认 BLOCK 模块的 properties 的 difficulty 为 3，并且已允许挖矿。两个矿工节点将不停地进行运算，匹配区块难度。如图 4-12 为一个矿工节点先算出了新区块“＃3”，这个区块将被其他节点背书形成共识。

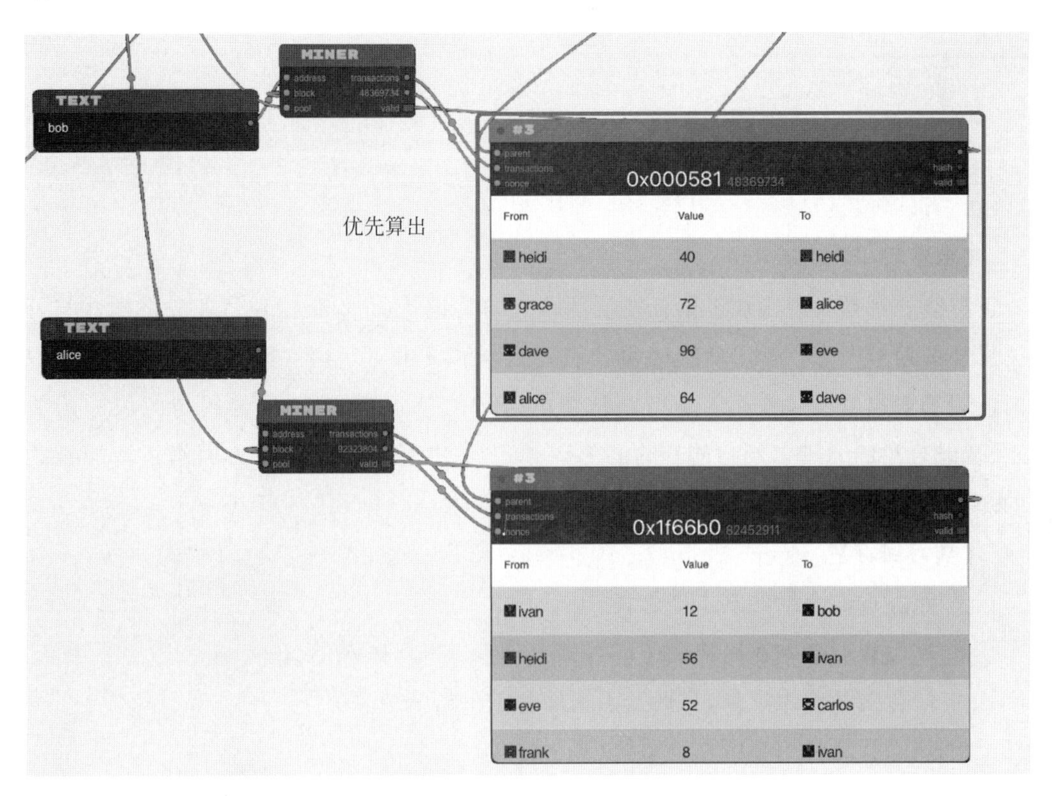

图 4-12　新区块“＃3”产生示例

3. 实训总结

使用沙箱平台可以模拟 PoW 竞争的方式，以上实训为模拟高度为 3 也就是“＃3”区块的生成示例，大家也可以继续模拟更多高度的竞争，加深对 PoW 共识算法的理解。同时，关于实训的内容，大家也可以思考如下两个问题：

（1）没有将两个 MINER 模块连接为一个 BLOCK 模块的具体原因是什么？

（2）什么情况下，竞争产生的新区块会被共识？矿工竞争计算得出的新区块最后都会如何处理？

第5章　区块链的智能合约

【本章导学】

智能合约是实现区块链信任机制的核心与关键，也是保证区块链业务多样性与可拓展性的根本因素。学习掌握区块链的智能合约技术对于理解区块链在具体产业中的应用场景起着关键作用。本节将从智能合约的基本概念、智能合约与区块链的关系、智能合约的原理以及智能合约的部署方式等方面展开，从多个方面阐述智能合约的知识内容。

【学习目标】

- 熟悉智能合约的基本概念；
- 掌握智能合约在区块链中的存储方式以及“状态”的含义；
- 结合实际应用场景，掌握基于智能合约的解决方案；
- 熟悉智能合约在区块链系统中的使用流程。

5.1　智能合约的基本概念

智能合约概念的出现远早于比特币和区块链。智能合约首次出现在20世纪90年代，由计算机科学家和法律学者尼克·萨博(Nick Szabo)在其文章*Formalizing and Securing Relationships on Public Networks*中提出。其基本思想是通过引入机器(硬件和软件)，将部分合约植入机器，使得合约的执行在一定程度上与人解耦合，因此，合约违约的可能性降低，同时违约的代价增大。尼克·萨博在文章中给出了关于智能合约的一个简单例子——自动贩卖机，任何人只要向自动贩卖机投入硬币就能获得商品，这是一个典型的关于商品销售合约的例子，此例中的合约通过自动贩卖机背后的各种硬件、软件得以实现，合约被破坏或违约的可能性大大降低，如图5-1所示。

以信息化方式传播、验证或执行的计算机协议
满足一定的条件时，就可以执行的代码
向自动售货机投入足够的硬币，按下按钮
售货机将一听可乐从出货口放出来
售货机回到最初的状态
传播
验证
执行合同

图 5-1　智能合约类比为自动售货机的示例

5.1.1　传统合约与智能合约的比较

传统合约与智能合约的目标具有一致性。无论是传统合约还是智能合约，都有以下功能：规定签约各方的责任和义务；规定对违约方的相应惩罚措施；当出现争议时，提供各方认同的解决途径。同时还需要考虑签订合约后，谁来监督合约的执行；当问题出现时，谁来执行惩罚措施。在传统合约的执行中，法律以及仲裁机构（包括执法机构）担任监督者的角色；而在智能合约中，机器担任了这种角色。如图 5-2 所示为智能合约与传统合约的比较示例。

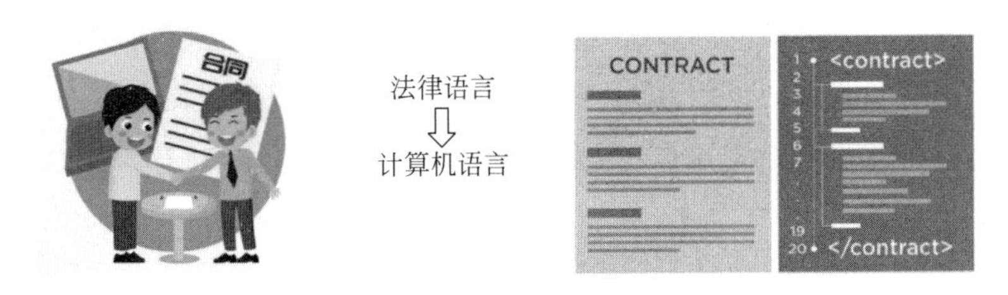
合同
法律语言
计算机语言
CONTRACT
<contract>
</contract>

图 5-2　智能合约和传统合约类比示例

5.1.2　智能合约的特性

前面提到，智能合约本质上还是合约，涉及合约的执行和监督，也具备了传统合约的各类特性。但同时因为机器的参与，智能合约也有自身的一些特性，包括以下 3 点。

1. 效率与准确性提升

在智能合约中，机器参与合约的执行，合约的部分环节实现了自动化。从时间成本的角度，根据机器的参与度，合约执行的效率较传统合约有了不同程度的提升。从准确性的角度，由于机器的参与，合约执行中犯错的可能性降低，准确性得到提升。如图 5-3 所示为使用智能合约可以使效率提升的示例。

图 5-3　通过智能合约提升效率的示例

2. 违约可能性降低

智能合约中各个环节的人为因素减少，人为干扰的可能性也随之降低，这就意味着合约违约的可能性降低。

3. 可追溯性

在智能合约中，因为机器的参与，合约相关环节的执行信息可以被实时记录，合约也因此具备了可追溯性。某一环节的执行若出现问题或争议，都有据可查。

5.1.3　智能合约面临的挑战

虽然智能合约具备诸多优势，但也面临一些问题和挑战。机器的参与要求合约的参与方提供执行和监督的 API 接口，这使得很多传统领域和应用需要付出很大的成本。机器的参与还要求相关的流程数字化，这使得涉及的外部利益相关方的业务流程也需要数字化。

5.2　智能合约与区块链的关系

智能合约与区块链的关系很有趣。智能合约更像是一种需求，而区块链则是其一种有效的实现技术。没有智能合约的区块链是不完整的，而缺少了区块链的智能合约是难以实现的，区块链正是在与智能合约的相互配合中，共同实现了群体智能所必需的信任机制。

智能合约主要面向用户，同时根据实际的应用场景，会有具体的条款。在数字世界和智能社会中,处处都有服务和合作的需求,需要合约的场合数量巨大。在对于实时性要求非常高的场合,采用传统的合约体系将使效率低下。而且,正如前面所说的,如果缺乏一个平台的支持,那么智能合约很难落地。在智能合约中,机器参与合约的执行和监督有以下两种模式。

(1) 中心化,合约的参与方通过中心服务器进行合约的执行和监督;

(2) 分布式,合约的参与方通过分布式的方式进行合约的执行和监督。

第一种模式的问题是,中心服务器存在安全隐患。因为所有的执行和监督都通过中心服务器,如果中心服务器被恶意控制,则整个合约的有效性将被质疑。

第二种模式是目前的主流模式,典型的代表是基于区块链实现的智能合约,区块链提供了合约执行的环境。合约的参与方通过区块链可以实现合约的自动执行和监督,因为任何一方若要干涉合约的执行和监督,都需要控制至少51%的区块链网络节点,这比中心化模式大大增加了难度。下面对智能合约与区块链的关系进行了归纳。

1. 区块链是智能合约实现的基础

区块链为智能合约提供了一个非常重要的基础——可信任的虚拟第三方。基于区块链,智能合约可以实现可审计、可追溯的功能。

2. 智能合约通过区块链体现价值

前面说过,智能合约更像是一种需求,一种将机器引入合约执行和监督过程的需求。如何实现这样的需求体现了智能合约内在价值。而智能合约正是通过区块链体现其价值的。

3. 智能合约是区块链价值的释放者

智能合约通过区块链体现价值,从另一角度看,区块链本身的价值也正是通过智能合约得以释放。越来越多的智能合约应用对于人们认识、了解、用好区块链提供了非常有效的媒介。

5.3 智能合约的"状态"

智能合约本质上就是区块链上执行的一段程序,智能合约在区块链上的落地与区块存储是密切相关的。实际上,智能合约是作为区块中某一笔交易存储于区块链中的,如图5-4所示为智能合约存储于区块链中的内容。

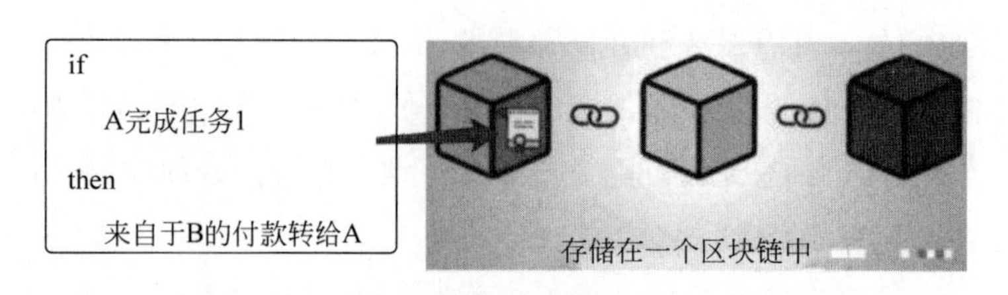

图 5-4　智能合约存储于区块链区块中的示例

为了持久化存储某些数据，例如个人账户的余额、交易数量等核心信息，在智能合约中有“状态”的核心概念，与区块链中数据不可更改的特性不同，“状态”基于区块链中的数据，并会不断更新为最新的数据内容。

如图 5-5 所示，从交易 T_1 至交易 T_N，账户 A 和 B 经历了从 A 向 B 转账 10 个单位数据的交易，那么 A 和 B 的“状态”就从一开始的 110 和 52 变为了交易后的 100 和 62，所以“状态”即为根据交易内容运算的最新数值结果。

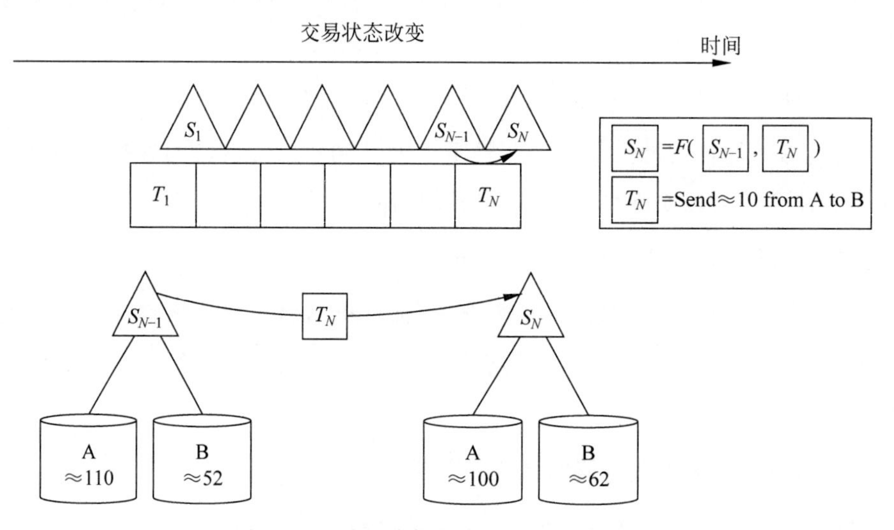

图 5-5　区块链中智能合约“状态”的变化

从另一个角度看，智能合约可以看作是一种用于记录和修改区块链“状态”的应用程序。在区块链 1.0 时期(比如比特币、莱特币)是把余额存到区块链上，通过共识机制就实现了对余额的“全网公证”。在区块链 2.0 时期，支持智能合约的区块链平台状态不局限于余额，可以将“自定义状态”保存到区块链上，如图 5-6 所示为“状态”存于区块中的图形化显示。

仔细看，可以发现每有一笔交易产生，智能合约的“状态”就会发生改变，如图 5-7 所示。

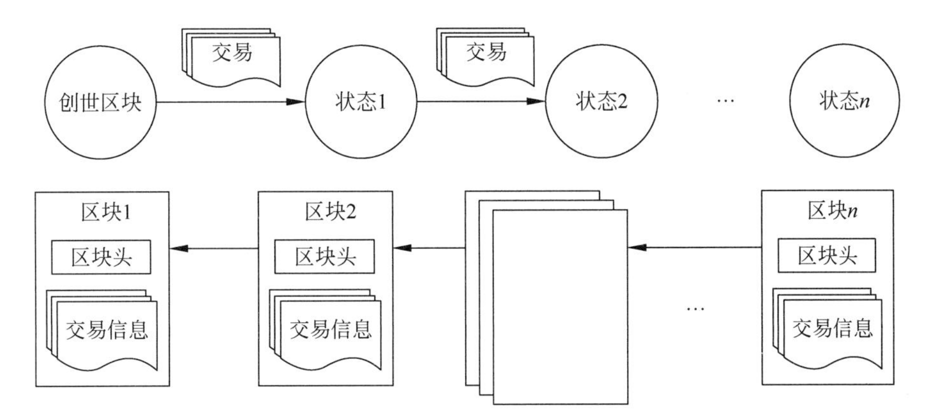

图 5-6　智能合约作为交易存于区块链中的示例

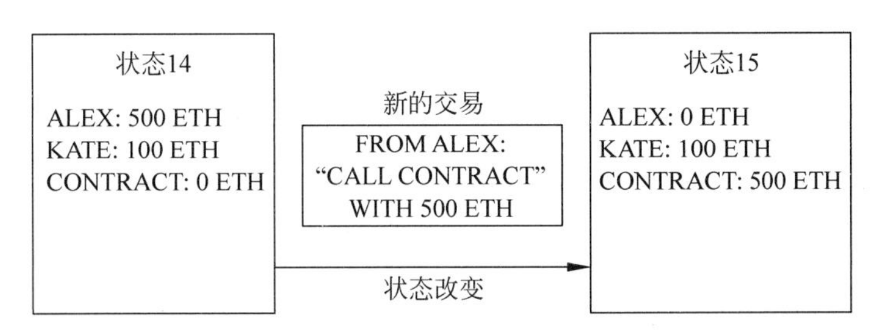

图 5-7　"状态"改变与交易数据的关系

5.4　智能合约的"模型"

与传统程序类似，智能合约作为一段代码也有对应的输入信息、输出信息与内部数据处理流程。我们将输入信息理解为外部输入数据和输入事件，输出信息理解为智能合约针对输入数据或事件的反馈动作。在内部数据处理方面，定义了 4 方面的内容。

(1) 合约状态(State)：合约的状态信息。

(2) 合约值(Value)：一般指合约保存的资产值。

(3) 预置响应条件：触发合约对资产进行处置与分配的条件。

(4) 预置响应规则：合约对资产进行处置与分配及其他处理的规则。

如图 5-8 所示为智能合约的"模型"示例内容。

下面以飞机延误赔付的实际应用为例，理解智能合约的具体应用。

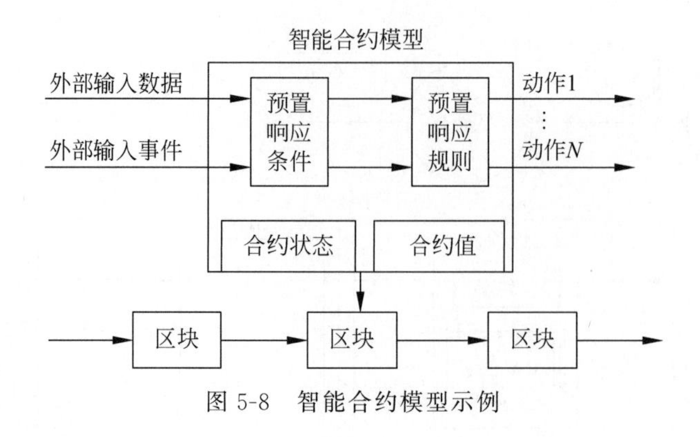

图 5-8 智能合约模型示例

1. 应用背景

小王预订了 CA871 次航班机票，航班计划 13 点起飞，15 点降落。小王不仅购买了该航班班次，还购买相应的航班延误险。由于天气原因，该航班延误 4 小时起飞，那么按照延误险的条款约定，保险公司需要赔付 300 元。

2. 传统情况下的处理方式

飞机晚点后，小王需要将飞机晚点的证明发往保险公司，证明自己是乘机人。保险公司收到申请后，和航空公司核对确认飞机晚点。核对无误后，保险公司将赔偿转入小王的账户。如图 5-9 所示为具体的操作流程。

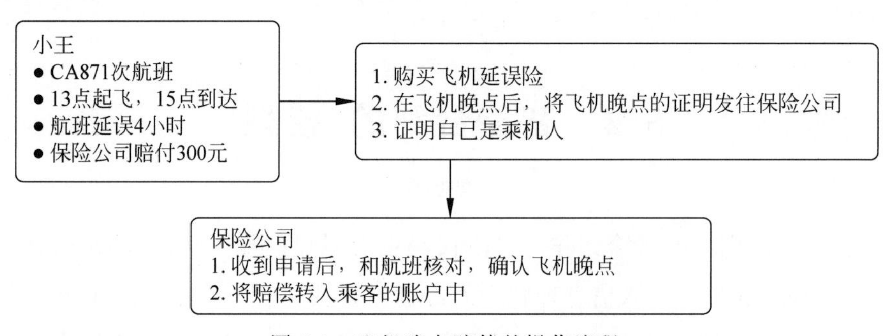

图 5-9 飞机晚点赔偿的操作流程

3. 引入智能合约的处理方式

引入智能合约，可以将飞机延误的处理方式以智能合约“模型”的方式重新定义，具体如下。

(1) 合约状态：飞机起飞、到达时间；赔付金额是否转入。

(2) 预置响应条件：飞机到达时间传入，保险公司将赔付金额预存在智能合约中。

(3) 预置响应规则：飞机延误 4 小时以上，将钱转入小王账户；飞机没有延误 4 小时以上，将钱退还保险公司。

如图 5-10 所示为飞机延误赔付在智能合约下的处理方式。

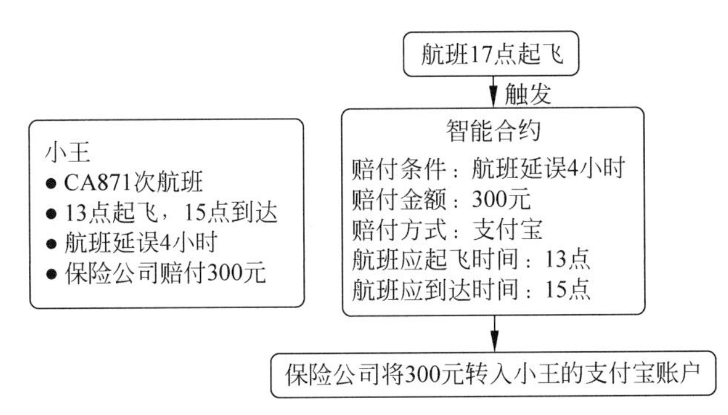

图 5-10　飞机延误赔付的智能合约解决方案

5.5　智能合约的工作原理

结合上述关于“状态”和“模型”的介绍，可以得出以下两点智能合约的原理。

（1）智能合约是运行在区块链以及全局状态上的程序，智能合约能访问和修改区块链的状态。

（2）智能合约可以让交易“程序化”，智能合约可以接收和存储价值，也可以向外发送信息和价值。

如图 5-11 所示为智能合约对于价值处理的图形化显示。

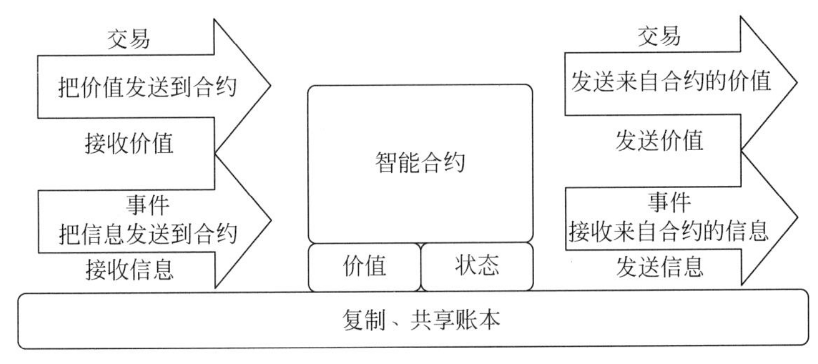

图 5-11　智能合约对于价值的处理方式

5.6　智能合约在区块链的部署方式

5.6.1　智能合约在区块链中的分布式部署

智能合约是一段程序（代码和数据的集合），可以部署在支持智能合约的区块链网络（比如以太坊）上运行。如图 5-12 所示，当智能合约作为一笔交易部署于区块链的一台节点后，基于区块链分布式账本的原理，这笔特殊的交易将被其他节点背书，从而被其他节点共享。这样实现的智能合约的输入是一致的，运行环境也是区块链提供的一致的运行环境，所以输出也可以验证。

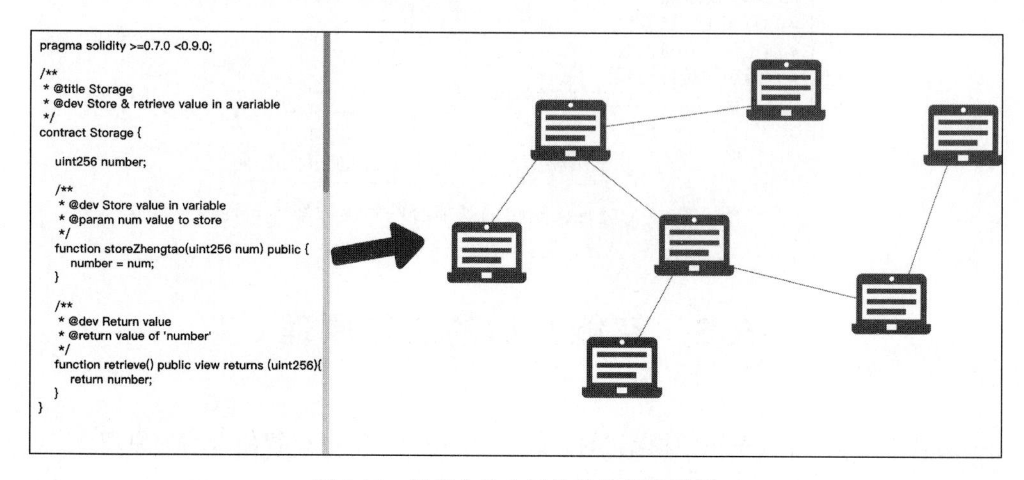

图 5-12　智能合约在区块链的部署示例

进一步地，如图 5-13 所示，当有如 Alex 的用户在区块链中部署一个智能合约后，由于区块链的共识机制，其他节点同样可以使用对应的智能合约的功能，保证节点在运行结果上的一致性，也就是如上所述的“可验证性”。

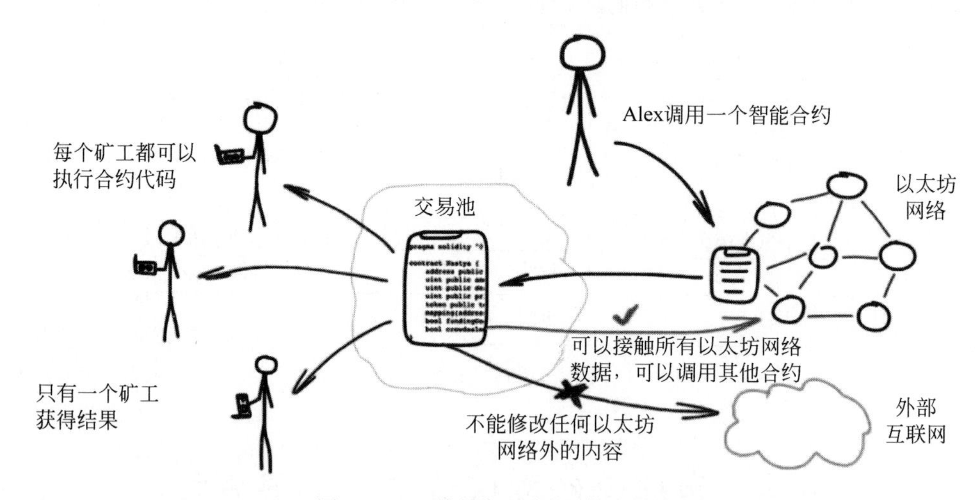

图 5-13　区块链部署与验证的方式

5.6.2　智能合约在区块链中的使用流程

智能合约作为一段代码，在区块链中的使用流程与传统程序相类似，包括编译、部署、上链、调用、执行。在上链操作后，区块链会给智能合约分配一个地址，通过使用该地址就可实现对智能合约的调用。如图 5-14 所示为部署合约的流程示例。

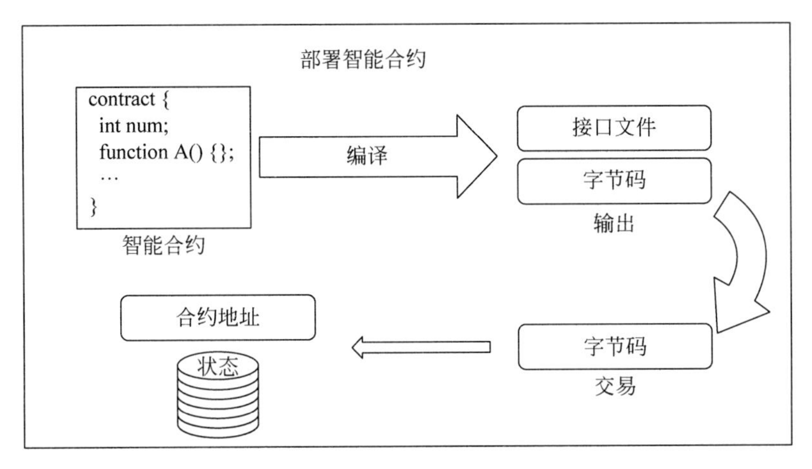

图 5-14　智能合约部署流程示例

智能合约的部署是通过一笔交易实现的。这笔交易是达成全网共识的，从而保证合约可以验证且全网一致。智能合约可以通过一笔交易来触发，也可以通过智能合约调用来触发（前提是合约已经被部署），同时要保证输入的一致性。如图 5-15 所示为智能合约调用的示例。

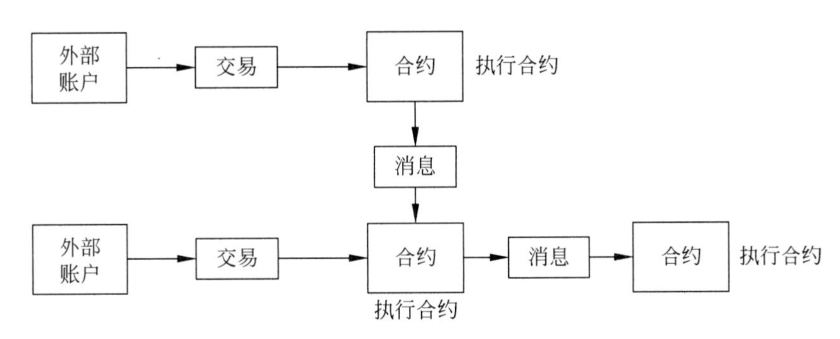

图 5-15　智能合约调用的示例

第6章 区块链产业应用

【本章导学】

区块链作为一个信任工具，为我们的世界从信息互联向价值互联跃升提供了路径。在其驱动下，社会各界的"信任关系"也完成了数字化升级，使得经济协作活动不必再因为传统中心化信任机制而受限，从而让数据得以在更大的范围内流动，更大程度地发挥价值，使得各种数字经济业态和模式不断涌现。区块链综合了分布式账本、非对称加密、共识算法、智能合约等关键技术，在促进数据共享、优化业务流程、降低运营成本、提升协同效率、建设可信体系等方面具有技术优势，在跨部门协作、多环节业务、低成本信任等场景有广泛应用。

作为一项颠覆性的技术，区块链已然被我国制定为国家战略。2019 年 10 月 24 日，习近平总书记在中央政治局第十八次集体学习时强调，区块链技术的集成应用在新的技术革新和产业变革中起着重要作用。我们要把区块链作为核心技术自主创新的重要突破口，明确主攻方向，加大投入力度，着力攻克一批关键核心技术，加快推动区块链技术和产业创新发展。

区块链同人工智能、云计算等技术被一起纳入"信息基建"，对于夯实价值互联网基础、促进数字经济互联互通发展、推进塑造可信社会体系具有重要意义。从业务层面上讲，区块链在促进数据共享、优化业务流程、降低运营成本、提升协同效率、建设可信体系等方面有重大的技术价值，是打破"数据烟囱"的利器，是链接"数据孤岛"的桥梁。

【学习目标】

- 理解区块链在金融、公共政务、医疗健康、数字版权、供应链、能源领域的解决方案；
- 理解区块链如何与实际产业相结合并满足行业的需求；
- 了解区块链在应用于实际产业时面临的挑战。

6.1 区块链在金融领域的应用

近年来，创新与变革一直是金融领域的主旋律。在求变上，金融机构一直在寻找一个能够在互联网上建立信任的机制，区块链技术的诞生天然适配了这一需求。借助区块链技术可以将金融信任由传统的中央信任机制或双方互信机制延伸为多边共信及社会共信的更高层级，拓展了金融领域的应用范围。目前常见的区块链应用场景包括跨境清算、中小微企业的贸易融资、银行客户身份识别等。中国人民银行原行长周小川曾表示："央行认为科技的发展可能对未来支付业务造成巨大改变，央行高度鼓励金融科技发展。数字资产、区块链等技术会产生不容易预测到的影响。在发展过程中出现的问题，需要进行规范。"

区块链的天然账本属性使得其在金融领域有显著的技术优势：区块链提供的点对点、去中心化平台创造了一个更高效益的交易环境；建立在密码学、数学上的可追溯、不可篡改、公开透明的分布式账本也便于查验和监管。同时，区块链的智能合约技术不仅可以利用自动执行的代码封装节点复杂的金融账本，以提高自动化交易水平；还可以将区块链上的任何资产写进代码或进行标记以创建数字资产，实现可编程货币和可编程金融体系。

区块链在金融行业的应用，是对金融行业的一次革新。借助区块链的去中心化账本技术，让金融行业所有的参与方既是信息的发送方又是信息的接收方，在保证地位平等的前提下共同维护同一份账本。借助区块链的数据不可篡改特点，保证存储的数据真实性与有效性。借助区块链技术的非对称加密技术，保证了信息与用户身份的隐蔽性。以上的区块链技术特性天然地与金融行业相适配。如表 6-1 所示为区块链技术与金融行业创新结合的示例内容。

表 6-1 区块链技术与金融行业创新结合

区块链特征	说　明	对传统金融业发展的突破
去中心化	采用分布式的计算和存储方式，去除了中心化的管理模式，参与方地位对等，系统数据由所有节点共同维护	参与金融业务的双方不再需要借助中心化的第三方完成交易操作，只需要借助由节点维护的共识机制进行价值转换。通过区块链技术，解决了目前存在的庞大第三方数据存储与处理中心节点的问题，规避了由于攻击而存在的风险，降低了中心化业务中节点维护的成本，在机器层面提高了交易的可信度

续表

区块链特征	说　明	对传统金融业发展的突破
透明性	区块链系统账本数据由所有节点维护，数据公开，任何人都可以查看与验证账本中的数据，实现系统信息高度透明	金融本质是一种信用经济，为了维护信任，传统中心化的金融行业催生了诸多低效的中介机构，包括托管机构、第三方支付、公证人等。区块链技术运用加密认证和去中心化共识机制，让参与方无须在相互信任的前提下运用统一的账本，确保资金和信息安全与公开透明，提升社会对金融行业的信任
自治性	基于区块链智能合约技术，在系统中植入协商一致的规范和协议，在保证协议不可修改的前提下，让系统中所有的参与节点能够自由安全地交换数据	传统合约需要借助第三方公证机构保证合约的真实性以及评判参与方是否违约。借助区块链智能合约能够通过机器自动化的方式去除第三方机构的参与，实现数据自治，将目前金融活动中对“人”的信任改变为对机器的信任
数据不可篡改性	基于区块链的数据存储方式，一旦信息经过验证上链，就会永久存储于账本中，不可篡改。因此，区块链数据的数据稳定性与可靠性极高	采用区块链技术能很好地保证金融行业中用户账户的安全性，防止篡改
匿名性	借助区块链技术的非对称公私钥加密技术，交易双方无须在网络中暴露自己的真实信息，只需通过签名与验签的方式保证数据的来源真实有效	在传统金融交易中，用户在进行交易中需要提交繁杂的个人信息资料，由于目前网络中存在诸多攻击，这极其容易导致个人信息泄露。借助区块链匿名性的特点能够很好地解决此类问题

随着区块链技术的发展，包括央行、摩根大通、汇丰银行等国际顶级金融机构都开展了基于区块链应用的研究与探索，自 2020 年以来，去中心化金融（decentralized finance，DeFi）更是成为了区块链领域的绝对明星赛道。相对于传统的金融行业，区块链金融能够从安全、效率、建立互信等方面带来优秀的解决方案。本节主要介绍区块链在金融领域较为典型并已经在各自框架制度下成功施行的金融行业应用案例，旨在为读者描述区块链金融行业的大体情况，并提供一些具体行业案例以供参考。

6.1.1 区块链在跨境清算金融中的应用

在传统跨境支付与结算的过程中涉及大量中介机构，包括银行、第三方支付平台、托管机构等，信息传递的效率与成本都极高。如图 6-1 所示为一笔交易在传统跨境汇款时的实现流程。

图 6-1 传统跨境支付的实现流程

传统跨境结算的一般流程为支付方通过金融机构填写支付金额的申请表，金融机构利用币种清算系统和第三方机构最终实现支付业务，一般此交易流程将经历 3～5 个环节，耗时 2～3 日才能完成。传统跨境汇款因为涉及更多的参与机构、法律法规及汇率等问题，使得汇款过程很复杂，主要体现在以下几点。

(1) 贸易交易时汇款所需时间很长，不能立即到账；

(2) 高额手续费，涉及大额和借贷业务时需要大量的人工审核参与；

(3) 在安全方面存在漏洞威胁，客户数据存在泄露风险，银行也面临资金被黑客盗走的风险；

(4) 缺乏可信的商业行为数据，且数据不连贯，信息在多个主体间不互通，难以得到真实可信的公司整体结构样貌。

将区块链技术应用至跨境支付，借助区块链技术的去中心化账本以及点对点传输技术，打通当前跨境支付中存在的诸多中间环节，可以很好地改善现状以及构建可信交易，如图 6-2 所示为引入区块链技术的解决方案。

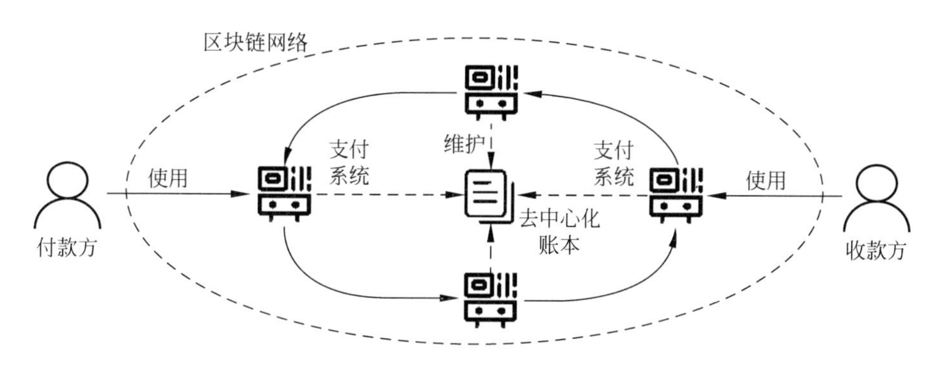

图 6-2 基于区块链技术的跨境结算方式

借助区块链技术，付款方与收款方在跨境支付时只需在加入区块链网络的支付系统中填写转账申请单，收款与付款支付系统由于在同一区块链网络中并且维护同一份账本，所以通过基于区块链的点对点技术可以实现交易的快速实现，原先可能需要 2～3 天完成的交易，在区块链网络中最多只需几分钟就能实现，极大地提高了效率。另一方面，传统的跨境支付用户申请转账时需要填写详细的个人信息，这些个人信息在经过多次中转时极有可能被泄露，造成不必要的麻烦。使用区块链技术，可以借助非对称公私钥加密技术，用户在网络中的所有操作行为都具有匿名性，只有发送方和接收方能够识别，从而保证了用户身份的安全。

基于这些技术优势，针对区块链应用于跨境支付结算已有了诸多尝试。

1. 应用案例一：区块链平台 Corda

由高盛和摩根大通等财团组成的 R3 区块链联盟率先尝试将智能合约应用于资产清算，自 2015 年成立以来，R3 一直致力于借助区块链技术来去除特定的第三方金融交易平台，并在 2016 年成立了 Corda 分布式账本平台。Corda 是利用区块链技术记录和管理“金融合约”的分布式账本。使用 Corda 分布式账本平台利用智能合约技术实现点对点清算流程，以解决传统清算方式需要大量机构完成复杂审批和对账所导致的效率低下问题。R3 的分布式账本分别由 Chain、Eris Industries、以太坊、IBM 和英特尔 5 家公司提供。账目托管在微软、IBM 和亚马逊 3 家的云存储平台上。Corda 不采用全局共享数据，只有在合约范围内的合法参与主体才可见，且没有中心控制节点来干预参与主体之间的流程。2018 年 4 月，汇丰银行（HSBC）与荷兰国际集团（ING）利用区块链 R3 Corda 平台为农产品巨头 Cargill 将一批大豆从阿根廷出口到了马来西亚。作为一家进出口商，Cargill 日内瓦代表 Cargill 阿根廷出售大豆，Cargill 新加坡则代表 Cargill 马来西亚购买商品。相比于通常的 5～10 天的时间，这次账务交易只用了 24 小时。该过程中的信用证 LC 模块是在区块链上进行的，宣告了区块链技术被首次正式用于实时贸易金融交易。

2. 应用案例二：支付宝区块链跨境支付解决方案

1）应用背景

2018 年 6 月，蚂蚁金服联同菲律宾电信公司 Globe 旗下的小额支付系统 GCash 推出应用支付宝区块链技术的跨境汇款功能。这是全球首个跨电子钱包的区块链汇款服务。

2）方案特点

（1）区块链身份证与银行 KYC 政策结合。区块链身份证基于共识机制、多方验证，具有不可改变、移除、伪造的特点，因此银行的 KYC 过程可以提升效率和可信度。

（2）联盟链开展合作。银行、机构间可以拥有共享账本，交易记录可以交叉确认、保持透明，并据此履行合约，从而降低风险和成本。

（3）智能合约与交易、支付流程结合。智能合约使交易中的部分环节在满足一定条件后可按照代码化的智能合约自动执行，提升了交易与支付的效率。

（4）以行业龙头切入，区块链可以建立起真实且可追溯的行业数据并发展成为一个行业征信和运行相关的数据体系。区块链是监管部门、金融机构、相关行业都亟须的可信数据库。

3）方案效果

在区块链技术的帮助下，跨境转账得以有效提升速度，大幅度降低人力物力成本，提升交易过程的透明度。蚂蚁区块链自主研发的金融机构区块链引擎可以支撑该服务账户和用户容量达到10亿级规模。

6.1.2 区块链在供应链金融中的应用

供应链金融(supply chain finance，SCF)是商业银行信贷业务的一个专业领域(银行层面)，也是企业尤其是中小企业的一种融资渠道(企业层面)。以上定义与传统的保险理财业务及货押业务（动产及货权抵/质押授信)非常接近，但有明显区别，即保险理财和货押只是简单的贸易融资产品，而供应链金融是核心企业与银行间达成的，一种面向供应链所有成员企业的系统性融资安排。这些核心企业往往规模较大，实力较强，所以能通过担保、停供出质物或承诺回购等方式，保证与其贸易的企业有稳定的资金流，保障自己和整个供应链具有良好的供货来源和分销渠道。

供应链金融的理念是以源自企业的应收账款为底层资产，通过区块链技术实现债券凭证的转让拆分。其中，在原始资产上链时，通过对应收账款进行审核校验，确认贸易关系和身份真实有效并保证上链资产的真实可信。另外，债权凭证可基于供应链进行层层拆分与流转，可完整追溯到最底层资产，以实现核心企业和金融机构对供应商的“信用穿透”。

这不但解决了以往融资过程中纸质文件过多带来的审核效率低下问题，同时也帮助同一条供应链上的融资实现标准化、规格化和统一化。区块链的应用实现了信任在不同参与方之间的高效传递，发挥了仓单作为数字资产的流通价值和金融工具属性，加速了整个供应链上诚信商家的信贷效率。如图6-3所示为供应链金融在中小企业的融资场景。假设有一个需求企业需要和一个中小企业(供应商)签订金额为1000万元的采购订单，采购周期为12个月。供应商生产这笔订单实际的成本为600万元，但是由于公司规模有限，该企业没有生产资金，所以该企业就会去找融资机构贷款。融资机构收到贷款请求后将作出响应并进行审核，审核通过后金融机构会给该企业贷款600万元并收取一定的利息，那么拥有订单的启动资金后该供应商就可以生产并完成订单。若没有意外发生，那么处于供应链金融的三方(包括需求方、供应方、贷款方)都将获利，包括需求企业和供应企业可以开展正常业务，金融机构通过贷款收取利息。

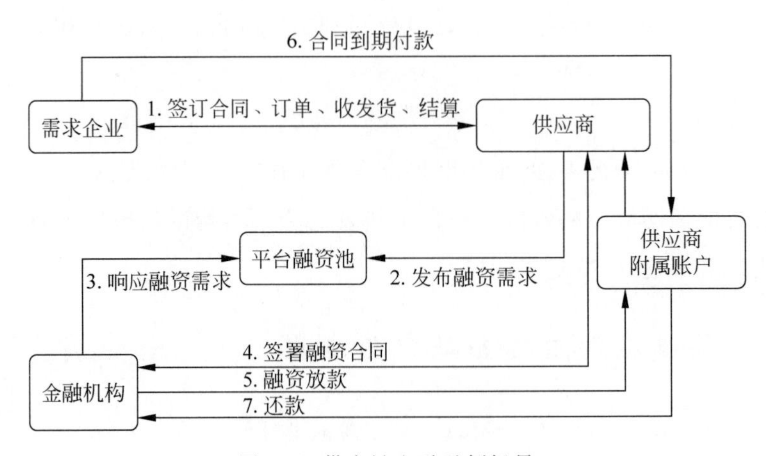

图 6-3　供应链金融示例场景

但是,如果在上述流程中存在欺诈行为,包括隐瞒交易流信息、作假凭证等,那么极有可能造成金融机构给供应商贷款后,贷款无法偿还等情况。如 2014—2017 年,钢贸行业发生严重信用危机,多家钢贸企业虚假仓单、一货多押等欺诈事件被曝光,致使整个钢贸行业信用跌入谷底。在大宗商品的贸易融资过程中,由于其本身不易转移等特性,需要多层监管。在这种业务模式中,银行面临着重复质押、货权不清晰、押品不足值、监管不透明、监管方道德缺失、预计不及时等一系列缺失。与此同时,中小企业由于天然的主体信用资质不足,缺乏有效担保,因此融资业务进展缓慢。

所以,金融机构在考察目标包括该贷款企业以及该企业所属的供应链上下游的经济情况时,往往会投入大量的人力与物力用于收集足够的信息,以确保真实性,这个过程非常低效且耗费时间,如图 6-4 所示。

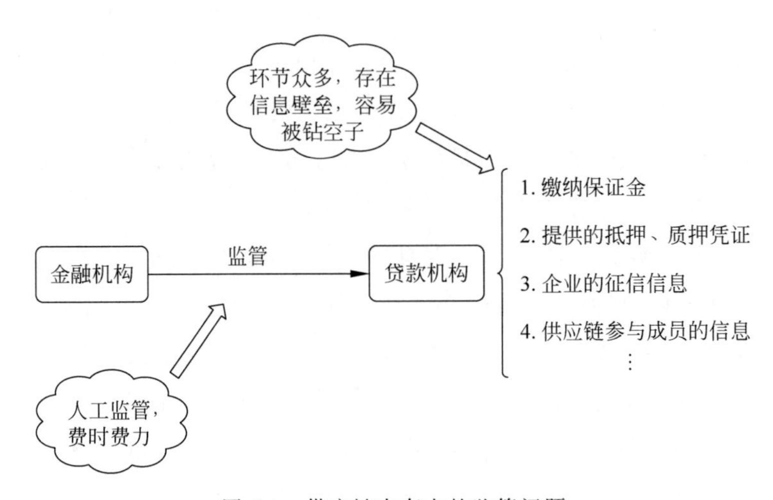

图 6-4　供应链中存在的监管问题

基于以上痛点，在现有供应链金融中植入区块链技术，借助区块链的去中心化账本技术以及数据不可篡改特性，让信息参与方数据上链后保证数据公开、透明以及可信。运用区块链智能合约技术规定了供应链金融的业务流程，规避了由于人为因素导致的漏洞。在实际业务中，供应链中的供需企业、担保公司、投资与资产管理等均作为参与方加入区块链网络中，以去中心化账本的方式记录信息的产生，保证数据的真实有效。具体方案如图 6-5 所示。

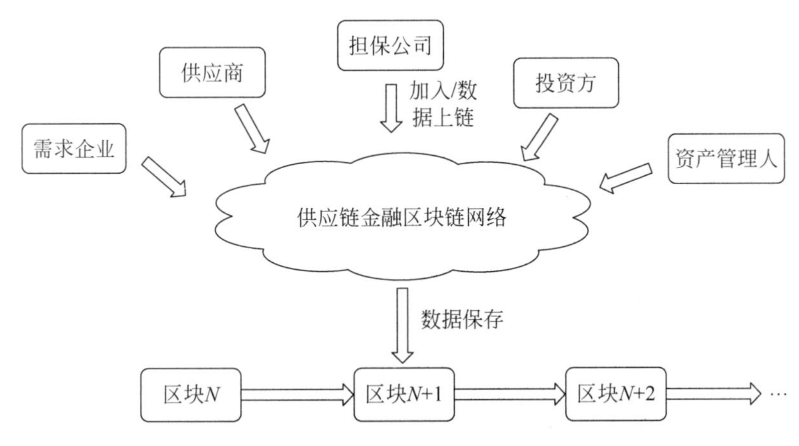

图 6-5　区块链针对供应链金融的解决方案

应用案例：腾讯云融资易区块链解决方案

1）应用背景

腾讯融资易项目为动产质押区块链登记系统解决方案；用于帮助大宗商品电子仓单区块链化，对仓储进、管、存各环节业务数据采集上链，最终形成数据可溯源、不可逆、真实可信的区块链电子仓单；可支持电商、交易所、保险、证券等专业机构基于大宗商品仓单的供应链金融服务业群，项目落地时间为 2019 年 4 月。

2）方案特点

（1）数字仓单：利用区块链技术实时上链仓单信息，为交易中的资产持有方提供有效风控手段，向资方证明数据真实可靠，降低金融风险。

（2）仓库智能监管：区块链结合模式识别和人工智能，实现质押、监管与实际物理操作相对应。借助工业物联网技术为对象赋予统一标识，实现一物一码。

（3）解决银行可信数据缺失问题：通过区块链技术将 IoT 数据及时上链，便于银行等投资方对资产和物流信息的监管和评估，弥补了银行可信数据不足的缺点。

3）项目效果

目前，该项目通过仓单的标准化和规范化实现了仓单信息真实性、完整性和及时性，大幅提升仓单信用效力，打造供应链上企业和金融机构的信任通道。基于区块链的可信资产数据有助于资产公开透明化，提升资产池内资产对投资人的吸引力。同时有助于投资方将重心放在资产本身的表现上，从而弱化投资人对债项主体的资质要求。

6.1.3 区块链在保险行业的应用

作为金融行业的重要应用，保险业与科技的进步密切相关。根据银保监会发布的保险行业数据统计，2020 年全球保险行业市场规模达 4.53 万亿美元，同比增长 6.1%，在全球经济产出中占有非常大的比重。但是，随着保险行业如火如荼的发展，包括理赔慢、险金支付手续烦琐、消费陷阱多、信息泄露等问题也日渐突出。

（1）客户信息安全性低。客户与保险公司之间的信任问题一直是制约保险行业发展的重要问题。客户信息容易被泄露，还有可能被篡改，赔付过程中可能存在重复交易或者问题交易。

（2）信息来源不对等，客户利用信息不对称而存在的骗保现象。

（3）效率低下。传统保险赔付过程中有大量的人工操作环节，影响了赔付效率。

在保险行业使用区块链技术能够迅速摆脱如上的问题。首先在区块链网络中，任何节点都可以创建交易，在得到网络中其他节点验证后就可以被写入区块链网络节点共同维护的账本中并且不可篡改，极大地提高了工作效率。其次，通过去中心化账本技术，所有节点都可查看区块链账本中所有的内容，保证信息公开透明，打破了传统保险业中信息不对等的情况。最后，基于区块链技术的匿名性保护了客户信息的不被泄露，提高了系统的安全性。

下面以 B3i 区块链保险项目作为应用案例，介绍区块链在保险行业的典型应用。

1. 方案背景

B3i 是由欧洲五大保险及再保险公司合作发起的区块链项目，于 2018 年 3 月在瑞士苏黎世成立，致力于通过区块链分布式记账技术，建立保险行业区块链生态系统，为参与者创建一个共同维护、共享信任的交易平台，为保险业提供创新的保险服务及解决方案。参与此项目的公司[包括安联保险集团(Allianz)、荷兰全球保险集团(Aegon)、慕尼黑再保险公司(Munich Re)、瑞士再保险公司(Swiss Re)和苏黎世保险集团(Zurich)]均为欧洲较大的保险公司。

2. 方案特点

（1）打破信息不平衡壁垒：区块链数据的不可篡改性能够保证保单的真实性；缓解保险业务的信息不对称，投保人与保险公司都可以“知己知彼”，杜绝了骗保或者保险公司赖账的情况。

（2）可编程保单：智能合约可以支持自动化索赔，自动执行代码指令，减少传统保险赔付路径中的人工操作环节，提高效率，降低成本。

（3）巨灾超额损失（XOL）再保险安置系统：借助分布式账本技术，B3i 允许处于竞争位置的参与企业在其网络上运营，保证数据对于被授权用户是安全的，且同时运营方 B3i 并不拥有对数据的访问权。

（4）自下而上的变更：解决变革缓慢的保险行业历来自上而下推动变革收效甚微的痛点问题。B3i 可以促进行业在整体市场层面提升效率、降低运行成本，而单个的保险商很难做到这一点。

3. 方案成果

2019 年 11 月，中国太平洋保险旗下中国太平洋产险与 B3i 成功完成一款巨灾超赔再保险产品的上线测试，并在同年底应用于再保合约续转，成为国内首家实现国际再保区块链商业化运用的保险公司。

6.1.4 区块链在金融领域应用的风险与挑战

尽管将区块链应用金融领域有诸多优势与好处，但是在应用过程中也将伴随着诸多风险与挑战。如图 6-6 所示为区块链应用在金融领域的风险与挑战的总结与概括，接下来分别从技术、治理、业务 3 个层面阐述。

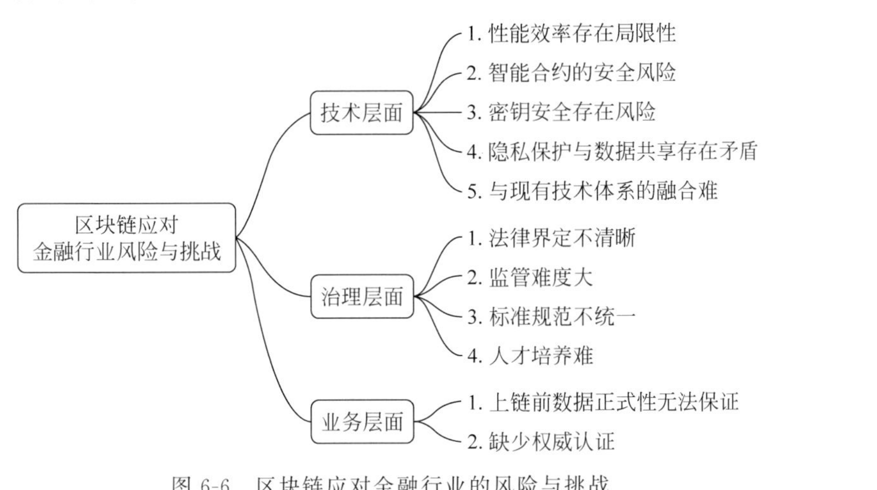

图 6-6　区块链应对金融行业的风险与挑战

1. 技术层面

(1) 在区块链中采用去中心化的方式存储数据,所有节点共同维护同一份账本,网络中的数据需要不断同步迭代更新,与中心化数据库相比效率方面具有局限性,在如何适应需求方面存在挑战。

(2) 区块链采用智能合约的方式设计业务流程,从而实现去中心化的效果,但是智能合约的所有内容都是公开透明的,若存在设计漏洞就会被不法分子利用,在安全性方面存在风险,在如何设计安全可靠的智能合约方面存在挑战。

(3) 用户在使用区块链进行业务交易时主要是基于非对称公私钥技术,若用户自身保管不当导致密钥丢失,那么将使得保存在网络的用户资产无法追回。所以,如何妥善保管用户密钥是个具有挑战性的问题。

(4) 在区块链中强调隐私保护,但是使用区块链的应用场景往往又需要数据共享,因此,如何设计区块链系统,使得隐私保护与数据共享相结合将成为研究重点。

(5) 区块链作为新兴技术,其革新体现在生产关系方面,势必存在与传统技术不相融的情况,技术融合将成为区块链落地的难点。

2. 治理层面

(1) 作为新兴技术,区块链与金融领域相结合时往往涉及诸多法律相关内容,并且与其相关的法律还不清晰。

(2) 区块链天然具备匿名性的特点,一方面保护了用户的个人信息安全,另一方面也使得网络中的行为不利于监管,如何提高对区块链网络的监管是应用落地时需要考虑的内容。

(3) 目前区块链技术种类繁多,不同技术的标准规范均不统一,如何形成体系成为难题。

(4) 由于区块链是一种跨领域、跨学科的技术,掌握区块链技术需要具备较多的技术储备,培养区块链人才具有难度。

3. 业务层面

(1) 区块链不能保证上链前的数据真实性,若将虚假信息上链,区块链也无法主动识别。

(2) 目前区块链的使用没有权威机构认证,公信力不高。

6.2 区块链在公共政务中的应用

我国的数字政务建设长期存在“各自为政、条块分割、烟囱林立、信息孤岛”等问题。出于数据安全因素的考虑，数字政务体系内各个政府部门之间的信息孤岛非常严重，数据共享在现实情况下往往难以推进。究其原因，最大的难点在于政府部门作为天然的中心化管理机构，不可能接受完全去中心化的业务流程。因此目前，在政务数据共享领域，存在办事入口不统一、平台功能不完善、事项上网不同步、服务信息不准确等诸多痛点问题。信息共享是建设数字政务的前提，但数据的安全可信流通是数字政务发展面临的另一大考验。

区块链可以让数据“跑”起来，大大精简办事流程。区块链的分布式技术可以让政府部门集中到一个链上，所有办事流程都交付智能合约上，只要办事人在一个部门通过身份认证以及获得电子签章，智能合约就可以自动处理并流转，顺序完成后续所有的审批和签章。

传统的公共服务依赖于有限的数据维度，获得信息的方式非常单一(通常是支部汇报)、不全面，且获取的信息内容有一定的滞后性。区块链不可篡改的特性使链上的数字化证明可信度极高。因此产权、公证、公益等领域的项目都可以在区块链上建立安全、透明的认证机制，改善公共服务领域的管理水平。例如公益领域，每一次公益项目的关键信息，如募集明细、资金流向、受助人反馈等，均可存放于区块链上，在满足项目参与者隐私保护并符合相关法律法规要求的前提下，有条件地进行公开公示，既高效精准地实现了公益计划，又便于公众和社会监督。

6.2.1 基于区块链的电子发票解决方案

1. 应用背景

“假票真开，真票假开”一直都是传统发票领域的痛点；对于报销企业而言，最担心的、面临最多的莫过于“一票多报”和“假发票”等问题。许多公司存在管理上的监控机制不严谨，各项制度落实不到位的问题。而企业财务人员作为收票审核者，可能因事务处理弹性大而在发票报销的问题上为公司埋下隐患。

针对以上问题，深圳市于 2018 年落地了基于区块链技术的“智税”创新实验室。借助分布式记账、多方共识和非对称加密等技术，推出了一套全新的电子发票标准。

这套区块链电子发票有别于传统电子发票与简单的电子发票上链，它将“资金流”和“发票流”二流合一，将发票开具与线上支付相结合，打通了发票申领、开票、报销和报税全流程。

2. 方案特点

1）业务链

优化发票申领、开票、报销和报税全流程。税务机关在税务链上写入开票规则，将开票限制性条件上链、实时核准和管控开票；开票企业在链上申领发票，并写入交易订单信息和链上身份标识；纳税人在链上认领发票，并更新链上纳税人身份标识；收票企业验收发票，锁定链上发票状态，审核入账，更新链上发票状态，最后支付报销款。

2）分布式记账

连接每一个发票干系人，解决诸多痛点问题。区别于传统电子发票，该项目依托分布式记账、多方公示和非对称加密等机制，形成了以下优势：不可篡改、不可双花、信任传递、以加密和数据隔离创新了隐私保护策略。

3. 方案成果

该项目提供的区块链赋能的电子发票具有诸多好处：一是借助区块链技术确保发票的唯一性和不可篡改性，避免一票多报、虚报等问题；二是实现信息传递，将发票全流程信息上链，解决了发票流转过程中的信息孤岛问题，在实现可查可追溯的基础上，降低了公司审核和部门监管的难度，帮助了信任的传递；三是实现了无纸化报销，低碳环保，不需要购买任何硬件设备和税控设备，节约成本，回归“交易即开票”，使发票作为商事活动交易凭证的本源。多家企业都在使用该项目的成果，包括沃尔玛、招商银行、万科物业、深圳地铁等。

6.2.2 “区块链＋教育”的学分认证解决方案

1. 方案简介

从古至今，学习是一个永恒的话题，尤其在如今互联网快速发展的时代，教育的地位更是至关重要。但是，历经几千年的时代变革，教育的方式并没有发生太大变化。教育缺少趣味性，难以激发学生的学习热情，只能让少部分学生养成良好的学习习惯。在教育过程中，存在不能完整科学记录学习轨迹、教育资源不平等、教育成本高昂等问题。

智谷星图“区块链＋教育”区块链解决方案引入“区块链＋教育”的理念，将教育过程以及教育载体的诸多信息上链，能够整合资源实现新时代“学分互认”的新高度。智谷星图“区块链＋教育”区块链解决方案的主要内容为针对学生学籍、学分、学习过程以及认证证书进行记录，它突破了传统的专业限制和学习时段限制，将技能培训与学历教育结合起来。

2. 方案特点

1）学生学籍信息上链

采用非对称加密数据和哈希算法实现学籍资料的前后历史一致性验证，通过密钥交换算法，在取得数据管理单位或学籍主体人的同意的前提下可以解密数据。由于哈希验证数据的一致性并不需要明文，同时还可通过动态加密实现学籍档案密文多项式的验证，所以使数据安全传输成为可能。

2）采用区块链链式数据结构，实现全生命周期的学籍溯源和防篡改功能

利用区块链存储结构的特性，提升教育学籍的变迁链式防篡改能力，并且建立具备数学自洽验证能力的学籍溯源模型，实现快速的历史溯源校验。利用区块链交易全网历史溯源机制，实现学籍多重交叉验证。

3）职业技能上链

利用区块链开放的网络结构，将职业培训、技术认证等成人再教育的过程记录在链。

4）教育联盟链

采用基于非对称加密体系下的分布式数字身份认证网络，以开放式的网络结构接入高校、职业技术培训机构和专业技能认证机构等，这些教育机构将以区块链轻节点的形式接入网络，这些节点并不参与全网共识，只是向区块链网络密文提交自己学生的教育历程，同时验证学生教育学历学籍是否真实。由于轻节点不必参与全网共识，不消耗算力，所以网络可以支撑大量的社会教育培训机构、用人单位和人社机构参与其中。

3. 方案成果

采用区块链技术的学分银行，允许学生不按常规的学期时间进行学习，像银行存款零存整取一样，学习时间可集中也可中断，即使隔了几年，曾有的学习经历仍可进行记录，形成终身教育体系。除了为学籍主体人提供“终身学习”的学习历程证明以外，还为教育机构、用人单位和人社部门提供低成本的安全学籍学历验证功能。在学籍主体人授权下可以获取明文学籍学历数据，为使用可信教育数据活跃教育市场提供基础环境保障。

6.3 区块链在医疗健康领域的应用

6.3.1 应用背景

医疗健康是民生工程之一，我国对于医疗健康产业一直非常重视。但是目前医疗健康产业仍然存在数据壁垒、信息孤岛等问题。

患者对个人电子病历和健康医疗数据的获取一直都有很大的需求，但目前国内的电子病历系统根本无法满足需求。首先，在现有体系下，患者的个人健康医疗数据是由不同的医院或企业管理的，患者的个人数据分散保存，数据难以交互与协调管理。其次，患者个人健康医疗数据具有价值，本质上应归患者所有，但是管理数据的企业往往因为经济利益将这些数据据为己有，患者无法掌控和管理自己的个人健康医疗数据，无法对自己的数据进行访问控制和权限设定。最后，健康医疗数据的安全性和有效性完全依赖于机构或企业的中心数据库，一旦数据库遭到破坏，健康医疗数据就会受到损失，难以恢复，更有甚者，企业可能会为商业利益，泄露和贩卖用户的数据，对患者的隐私和安全造成危害。

显然，这种中心化的管理方式和分散的数据存储方式已不是医疗健康行业的最佳选择。对医院、医学研究等机构来说，健康医疗数据在医院发展、临床服务、临床科研、药物研发等领域都有巨大的应用价值。但是医院作为健康医疗数据的主要提供方，对开放健康医疗数据的态度始终是若即若离，不置可否。健康医疗数据在民生服务场景应用时，存在面对互通共享及业务办理过程中，出现纠纷无法追溯，责任难以界定的情况；在现有数据共享模式下，数据安全性、用户隐私安全性等都面临挑战，并且缺乏有效的信任体系驱动各方参与。

“区块链＋医疗健康”利用区块链的全流程可追溯、防篡改、隐私安全等特性，搭建可监管、可追溯、可信任的数据安全流转管道，保证健康医疗数据（电子病历、健康档案、公共卫生监测信息、电子处方等）可以安全可信地被多方共享和流转，实现跨机构、跨系统的数据协同和业务协同。同时，提供基于区块链的场景应用服务，为卫健委、疾控中心、医保局等政府垂直管理单位，以及医共体、含总院和分院的大型医疗机构等解决“行业监管＋民生服务”方面的诸多问题。

区块链等新兴前沿技术的快速发展为医疗健康大数据插上了数据安全保障和个体数据“脱敏”的翅膀，为实现医疗健康数据有序流动和共享奠定了基础，从而充分发挥区块链的技术优势，实现电子病历、健康档案、电子处方等个人健康医疗数据的摘要信息、源文件信息在链上的授权流转，为各参与方提供基于区块链的医共体等区域协同平台、个人健康医疗数据查询服务、区块链电子处方流转服务、患者及患者家属在线确认签字服务、商保快赔等民生场景应用，满足各方需求，为所有人提供更加智能、便捷、优质的公共卫生医疗服务。

6.3.2 医疗健康领域需要解决的问题

(1) 数据量大。海量的健康医疗数据在存储和共享上，对于传统底层数据库系统是一个重大的挑战。

(2) 数据隐私容易泄露。个人数据的隐私保护问题、数据交换的安全认证问题还未得到解决。在数据分享过程中，还需明确数据所有权，让数据合理合规使用。

(3) 现有业务缺乏标准。现有健康医疗数据收集缺乏统一标准，医院之间的信息不互通、不互认、不互信，进一步影响了就诊体验和医疗服务水平。

6.3.3 应用案例一：疫苗存证溯源区块链平台解决方案

1. 方案简介

疫苗生产造假一直以来都是整个社会关注的焦点，在涉及孩子安全和健康的问题上让无数父母深感担忧。而后疫情时期，“新冠”疫苗的安全性问题也是全球关注的焦点。据调查，疫苗安全事件既存在生产环节的造假，也有流通环节监督缺乏的问题。

针对如上问题，江苏恒为信息科技有限公司开发了疫苗存证溯源区块链平台。通过将每一支疫苗数字凭证化，从生产到运输到使用各环节信息上链，接种人可以通过“疫苗存证溯源平台”获得疫苗的全流程信息，监管方可以更加有效地实施监管。

2. 方案特点

(1) 生成疫苗通证：在生产环节系统会对每一支疫苗生成对应唯一的非同质化通证(NFToken)，与电子监管码一一对应，用来追溯疫苗流转的全过程。

(2) 疫苗流转全程追溯：利用区块链不可篡改、可追溯等特性，生产、运输到接种全流程信息可在满足有关信息安全条例的基础上做到可追溯、易监管。

(3) 用户终端溯源：疫苗接种者可在 App 上查询自己接种的疫苗的完整信息。

3. 方案成果

通过区块链技术搭建的疫苗溯源平台可在生产环节完整记录设备数据；在运输

过程中通过扫码设备和定位技术的结合，完整记录装卸和环境数据。运用区块链技术使得数据透明、可追溯、实时监管，从而确保疫苗生产、冷藏、运输全环节透明可信，为人民的健康安全保驾护航。

6.3.4　应用案例二：Doctor-X 医疗信息共享解决方案

1. 方案简介

全球医疗数据在以每年 48%的增长率增长，但是大部分数据都无法被患者和医疗系统访问，以“数据孤岛”形式分散在各个医疗机构和相关部门。由此导致了医疗系统中信息不对称，医疗机构间很难进行有效的信息交换和共享；医疗事故追责困难；医疗资源分布不均匀、偏远地区就诊难等问题。

针对以上问题，迅雷链为泰国那黎宣大学旗下 490 多家医疗机构搭建了 Doctor-X 医疗信息共享平台，该平台搭建了医院之间的联盟链，将病历数据（获得患者授权后）规范化上链，帮助医院间建立病历通用数据层，解决医疗系统的信息不互通难题，在保护病人隐私的同时进行信息互联和追溯，以及实行远程诊断。

2. 方案特点

（1）数据加密上链：病患的诊断记录和个人信息借助“密钥管理系统”加密后上链，一旦上链则不可篡改，真实可信。

（2）病患授权：患者转院到体系内的其他医院时，在手机端授权医生查看自己之前的病历数据，真正做到将个人数据交回个人管理。

（3）联盟链：迅雷链搭建的联盟链，通过分布式模式进行权限管理，非授权用户不得访问，解决了传统区块链的数据隐私保护问题。

3. 方案成果

使用该区块链平台，所有信息可追溯、可查证，增加了违规操作的成本，并为事后可能出现的医疗事故提供可信证据链。采用区块链技术对链上数据做密钥加密，充分保障个人隐私安全，赋能数据，让信息能合法、安全地为个人就医增添便利和医疗研究创造价值。

6.4　区块链在数字版权和存证上的应用

随着互联网技术的不断发展，人们的生活已经与互联网密切相关。在日常生活中，越来越多的网民愿意在网络上发表文章以及视频，自媒体等新兴产业也应运而生。

但是，随着网络冲浪的速度越来越快，数字版权和存证的重要性也日渐突显。由于目前对于网络资源如短视频、文章还没有健全的法律体系，网络抄袭以及侵权问题日趋严重，因此我们经常会在一些视频平台中看到一些维权和自证清白的视频。因此如何保护新时代下个人及集体的数字版权成为挑战。

针对此类问题，在2020年4月9日，中共中央、国务院正式发布《关于构建更加完善的要素市场化配置体制机制的意见》(以下简称《意见》)。《意见》指出："探索建立统一规范的数据管理制度，提高数据质量和规范性，丰富数据产品；研究根据数据性质完善产权性质；制定数据隐私保护制度和安全审查制度；推动完善适用于大数据环境下的数据分类分级安全保护制度；加强对政务数据、企业商业秘密和个人数据的保护。"

将区块链技术引入现有的数字版权认证中，利用区块链分布式架构、数据确权的能力、与密码学融合保证数据隐私安全的天然优势，从数据开放共享、数据作为资产发挥价值、保护数据隐私安全等方面发挥效能。

6.4.1 数据安全共享

使用区块链技术助力解决政府机构间数据共享的数据安全问题，实现"数据转移，控制权不转移"的功能，保证共享数据的安全隐私性，促进数据共享的健康发展，具体表现为以下3点。

(1) 区块链基础设施，为整个模块提供基于区块链的可信存储，实现安全信息的共享和不可篡改。

(2) 建设数据上链共享功能，持有数据的部门可以选择需共享的数据进行上链操作，同时制定上链数据的安全策略及数据共享流程，实现数据可开放性。

(3) 建设数据共享流程功能，需使用数据的部门可在公开共享的数据目录中选择需要的数据进行申请，提交申请后，预先定义的共享流程中各节点可以对申请进行处理。

6.4.2 数据资产化，提升社会数据资源价值

数据作为生产要素中最重要的一环，数据所有权、控制权尤为重要。利用区块链原生的确权能力，能够随时确定链上数据的权属。每个区块链用户的"地址"代表链上数据的所有权，利用私钥解密，能够证明自己对链上数据的控制权。在基于联盟链架构的政务区块链网络中，亦可使用身份证书表示不同参与方的权限差异。数据确权

后，才能够作为资产在链上进行流转交易，发挥数据流转产生的价值。

6.4.3 加强数据资源整合和安全保护

以最高人民法院推出的司法链为基础，引导省级（市级）法院、公证、司法鉴定等单位建立司法联盟区块链，协同电子证据数据和司法案件数据，解决取证难、成本高的问题，增加司法透明度和公信力。主要措施如下所述。

(1) 建设数据加密转移功能，数据共享流程通过后，自动化地将数据进行加密后传输给数据使用方。

(2) 建设数据使用保护功能，数据使用方在使用被加密的数据时，根据数据属主方在数据上链过程中制定的安全策略进行数据的保护。

(3) 建立行政执法行为数据区块链节点，加强行政执法过程中的证据化和标准化，数字化监督行政职能行为，提高政府行政行为的公信力。拓展存证能力在知识产权保护、社区选举、环境保护、社会资源分配等方面的运用，减少经济合作过程中的纠纷，提高社会运行效率。

6.4.4 应用案例一：百度超级链版权解决方案

1. 方案简介

传统版权保护方式普遍落后，无法满足数字内容的确权、取证、维权等方面的需求。其行业痛点包括缺乏规范统一的版权存证机制、维权成本高、电子证据的认定过程难，缺乏透明的记录和监督等问题。

百度超级链通过为内容平台的原创作者颁发数字证书，作为版权存证，将图片、视频、文字信息的版权信息永久写进区块链，并结合百度自身领先的 AI 盗版检测技术，打造了一个完整的版权检测系统，让创作者的作品在传播过程中可溯源、可监管，得到更好的版权保护。

2. 方案特点

百度超级链版权解决方案系统架构分为 3 层，从下至上依次是基础层、服务层和平台层。

(1) 基础层基于 XuperChain 技术构建存证链，将内容版权行业需要公信力或透明性的登记确权、维权线索、交易信息等存储在存证链上，存证链默认采用超级链的 DPoS 机制，分布式账本由百度、内容机构、确权机构、维权机构等节点共同维护和背书，具有强大的公信力。

(2) 服务层主要构建图片标签、图片搜索、盗版检测等基础服务。图片 Tagging 基于百度权威知识图谱构建标签体系，利用精准的图像理解、图文理解等前沿 AI 技术对图片进行智能理解、识别并自动生成标签。

(3) 平台层为用户提供登记存证、分发交易、维权取证等服务。用户通过平台将自主产权图片提交到图腾平台后，平台首先将对作者信息和图片信息进行可信时间戳的计算，进行第一重的信息存证；然后再将作者信息(关键信息加密保护隐私)、图片信息、可信时间戳信息和上链时间(由区块链系统生成)统一记录到区块链中，利用区块链不可篡改、联盟伙伴共同记录背书的特性，进行第二重的信息存证。

3. 方案成果

基于人工智能和大数据技术，百度超级链版权解决方案研发了版权侵权监测系统，支持全天候版权侵权实时监测，识别准确率超过 99%，万张图片最快 2 小时生成版权监测报告。此外，百度超级链版权解决方案研发了在线维权系统，打通司法服务环节，具备法律效力。

6.4.5 应用案例二："天平链"电子证据平台

1. 方案简介

传统的存在方式有公证存证、第三方存在、本地存证等，这些方式本质上是中心化的存证方式。在中心化存证下，一旦中心遭受攻击，就可能造成存证数据丢失或被篡改。"天平链"是北京互联网法院以"开放、中立、安全、可控"为建设原则，通过主动式规则前置、司法全链条参与、社会机构共同背书、构建丰富应用为建设内容，以支持创新互联网审判模式为建设目标而进行建设的司法区块链。

2. 方案特点

该方案可以提供以下服务：

(1) 电子身份证。系统使用电子身份技术，通过一种数字化唯一身份标识，用于在 IT 系统中对人、组织、现实主体等进行唯一标注。电子身份认证使用各种验证手段来校验，实现主体与电子身份间的合法对应关系。

(2) 时间戳服务。基于时间戳服务，"天平链"能够表示一份在一个特定时间点已经存在的、完整的、可验证的电子数据。时间戳可以用于电子商务、金融活动的各个方面，尤其可以用来支撑公开密钥基础设施的"不可否认"服务。

(3) 数据加解密。基于数据加解密技术，加密算法将明文数据转变为无法直接读取并理解的密文数据，"天平链"电子证据平台可以向拥有解密权限的人提供解密算法服务，将密文恢复为明文数据。

3. 方案效果

自 2018 年 9 月 9 日“天平链”上线以来，完成跨链接入区块链节点 18 个，已完成版权、著作权、供应链金融、电子合同、第三方数据服务平台等 9 类 25 个应用的数据对接。截至 2019 年 4 月 17 日，基于“天平链”认证判决案例 1 件，促成当事人和解的调解案例 41 件。

6.5 区块链在供应链中的应用

供应链由众多参与主体构成，存在大量交互协作，但现实中，不同参与方的海量信息被离散地保存在各自的系统中，缺乏透明度和可信度。信息的不流畅导致供应链条上各参与主体难以准确地了解相关事项的实时状况，影响供应链的协同效率，容易出现因过产而滞销和因少产而产品短缺的情况。当各主体间出现纠纷时，举证和追责耗时费力。另一方面，在产品的生产、加工、流通、消费等过程中存在多个环节和不同的参与方主体，不同环节的主体之间存在大量的交互和协作，不可避免地产生信息孤岛、信息不透明、不保真的问题。不法分子利用链条中各个环节中的漏洞和信息不对称，弄虚作假，以次充好，给社会和公众带来危害，然而监管部门很难快速、精准地定位问题所在，增大了监管难度。

区块链可以使数据在各主体之间公开透明，从而在整个供应链上形成完整、流畅、不可篡改的信息流。这可以帮助确保各主体及时发现供应链系统运行过程中产生的问题，或是提前预知需求，进而提升供应链管理的整体效率。

面向农产品、食品等重点管理对象，利用区块链溯源结合物联网等技术，追踪记录产品的生命周期各个环节，把产品的生产信息、品质信息、流通信息、检测检验等数据以及参与方的信息，不可篡改地登记在区块链上，解决信息孤岛、信息流转不畅、信息缺乏透明度等问题，从而实现生产过程有记录、主体责任可追溯、产品流向可追踪、风险隐患可识别、危害程度可评估、监管信息可共享，增强政府部门存证、监管、执法、追责的透明度和便利性，提高数字社会公共安全管理水平。目前各大电商争相建立基于区块链的溯源服务，如“蚂蚁链溯源服务平台”“京东区块链防伪追溯平台”等，为诸多行业的商品提供了基于区块链技术的溯源服务。

区块链溯源管理平台综合运用计算机技术和电子信息技术以及区块链技术，建立集准入备案、采购来源管理、进场管理、质量控制、溯源追踪、摊位管理、异常报备、人员及环境监测与监管、统计分析于一体的农贸市场产品溯源监管信息化处理平台。通过农贸市场产品区块链溯源管理平台，实现农贸市场产品的追溯监管统计，记录全程农产品采购商信息、主要来源地区、进货批次、经营者信息、销售信息等。通过全程监管追溯，实现透明化操作、规范化管理，提升农贸市场产品质量信誉度，实现农贸市场产品监控管理的信息化。通过区块链技术应用，能够有效地对市场经营主体的产品溯源信息及经营报备信息进行上链操作，提升疫情期间产品的质量安全保证和溯源监管的能力。

6.5.1 应用案例一：基于区块链的食品溯源平台

1. 方案简介

在近两年的国际贸易战中，很多人都意识到农产品不仅是必需的生活物资，更是一个国家重要的战略资源，乃至维护其货币与金融体系稳定的贸易工具。目前食品溯源行业链条存在不统一、成本压力大、假溯源平台鱼目混珠的现状，其所带来的影响，并不会在农产品的终端价格中体现出来，但会使得消费者认为本土的农产品具有较大的风险。

海尔食联网平台基于海尔食联网生态，使用“区块链＋物联网”技术，汇聚各行各业的优秀企业为用户打造的健康生活物联网平台。平台致力于梳理和解决行业内及行业间的协同问题，实现联盟成员间的良性互动，开展协同创新、标准创制、运营工作，保证溯源业务的持续性和规范化。

2. 方案特点

(1) 基于物联网设备和可识别标签。通过物联网设备和可识别标签(RFID、二维码等)，根据国家有机标准，将农产品认证数据上链，实现对农产品进行全生命周期跟踪。

(2) 开放食材与终端产品交互。通过用户购买食材和与终端产品(冰箱)的交互，将订单数据、交互数据、分享数据上链，为用户定制相应的健康指南、饮食推荐，打造最佳物联网健康生活用户体验。

(3) 建设生态供应链体系。食联网打通食品行业上下游企业，促进产品和服务的持续迭代。同时当监管部门以联盟节点的身份获得审阅权限模式介入的时候，由于联盟内相关节点的可见性，监管部门可以非常方便地实施柔性监管。

3. 方案成果

食联网食品溯源通过使用“区块链＋物联网”技术打造的物联网平台于2019年第

二季度前快速扩展到40家农场、2家认证机构、3家检测机构以及超过10条销售渠道，受众用户达到100万以上，预计生态收入达到2000万元。

6.5.2 应用案例二：基于区块链的动态资产跨境流转平台

1. 方案简介

现阶段，我国物流行业整体运行效率不高，缺乏能够普遍接受的行业标准；随着新零售、互联网时代到来，消费者需求从单一化、标准化向差异化、个性化转变；物流科技不断突破，国家政策也在全方位鼓励物流科技的发展。

梧桐港链搭建基于区块链的动产资产流转生态圈，实现数据的透明、可追溯、防篡改。区块链底层使用超级账本 Fabric 技术，结合物联网和人工智能技术，实现了智能仓储体系；获取并整合仓库的视频监控、电动栏杆、电子围栏、RFID 等各类传感器的数据，实现货物在仓储环节的全方位智能监控和预警。

2. 具体案例

南美乌拉圭农场某一头牛被屠宰后，经过乌拉圭的质检、冷链物流、海关关检、国内质检、上海仓库的仓储、国内的冷链物流，送达沃尔玛的冷柜供消费者选购。在这一过程中，当冻牛肉在上海仓库入库通过审核后，会生成仓单，银行会查询梧桐港链上该批冻牛肉的货主的过往交易记录、诚信记录，也包括该批冻牛肉的物流信息和质检等信息。

3. 方案特点

1）采用超级账本 Fabric 技术的联盟链技术作为底层支撑

梧桐港链采用超级账本 Fabric 技术的联盟链技术作为底层支撑，将各承运商、各货主（资金需求方）加入梧桐港链（联盟链），按照业务所需，建立各自的子链。

2）开发物联网和人工智能监控、预警系统用于操作

梧桐港链结合物联网和人工智能技术，将获取的仓库的视频监控、电动栏杆、电子围栏、RFID 等各类传感器的数据进行整合，使用车载设备采集车辆的轨迹、位置和实时状态等信息，提供实时的图形化物联网管理平台，为货物的全生命周期监管提供了有力手段。

4. 方案成果

梧桐港数字供应链智能风控系统已初步形成了梧桐港大数据应用的体系，目前已接入、整合的内外部数据包括会员的财务、工商、法律、供应链、银行征信 5 个方面的

数据，用来评估公司主体信用，获取期货数据价格、现货价格数据用于违约距离测算、逐日盯市、风险预警。

6.6 区块链在能源领域的应用

区块链的到来为能源行业打开了想象的大门。试想在未来某一天，不知不觉中，我家里的电卖给了隔壁的邻居，然后，系统郑重其事地记录下这笔交易的账单，这一切不需要第三方，也不需要我们做什么，只因为触发了成交条件，智能合约就可自动完成。

这在传统的电力系统是不可实现的，所有的电力合约都需要电网公司这个管家来居中协同，在很多层级牵好线搭好桥才能实现交易。这种高度中心化的模式在很长一段时间里为能源发展发挥了重要作用，但当前旧的模式基本已经发展到极致，能源已经处于多重变革的紧要关头，亟须颠覆性的新技术开启未来之路，其中区块链技术被寄予厚望。

区块链技术具有天生的去中心化、透明性、公平性和分布性决策的特点，可以搭建分布式能源交易和供应体系，电力发、输、配、用通过区块链网络在各个层次上直接进行交易，交易按照能源区块链智能合约进行，一旦触发了哪些规则就自动启动交易，同时将所有能源交易数据分散地存储在一个区块链上。

区块链技术实现了能源交易规则的根本性改变，这将加速能源生产消费向低碳化过渡，而且，区块链技术与能源领域努力要实现的智慧能源、综合能源服务、微电网这些新技术新模式高度契合，对“风光水火储一体化”“源网荷储一体化”有强大的支撑作用，区块链在能源领域显示出广阔的应用前景。

能源领域也在积极探索区块链的实践应用，比如国家电网成立了国网区块链科技公司，浙江电力公司电科院创立了能源区块链研究项目，珠海开展了基于区块链技术的绿色电力证书交易平台的试点示范，中化集团成功完成了区块链应用的出口交易，等等。这些能源区块链项目，尝试在区块链电子合同、电费结算、大数据征信系统、金融风控架构、油气物流运输等方面进行一些技术融合。此外，碳排放权交易、电力资产证券化等诸多领域也是能源区块链尝试的方向。

从现在的情况看，“能源＋区块链”仍处于起步阶段，且面临诸多现实问题。与任何技术一样，区块链有其自身发展的客观规律，要想成功应用在能源领域，必然要在与能源其他技术逐渐结合、反复磨合之后，历经不断更新迭代，才能达到性能成熟、稳定，进而实现广泛应用。唯有如此，区块链的巨大潜在价值才能充分释放出来，但这显然不是短期能完成的任务。

相比国际上能源区块链投资与应用的活跃程度，我国能源区块链刚刚起步，可实现的实体应用案例相对较少，而且能源系统本身具有高度中心化、组织结构复杂、数据吞吐量大、广域协调困难等特征，区块链去中心化的特点将遇到现有模式变革难、数据获取难、盈利模式不清等问题。另外，区块链技术的信息安全需要完全不同于以往的新范式，能源电力网络内有大量的物联网设备，存在信息安全风险。区块链技术在能源系统的应用还面临很多挑战。

能源区块链平台可向能源产业链上下游企业提供身份认证、存证溯源、合同管理、交易撮合、可信接入、数据共享等服务，实现能源行业要素的有效共享，推动能源互联网数字化升级。

应用案例：基于区块链的分布式电力交易解决方案

1. 方案简介

随着可再生能源大规模发展，具有参与者众多、单笔交易量小等特点的分布式电力交易模式逐步成为一种发展趋势，但分布式电力交易存在用户信息不透明、发输用三方利益不对等、交易手续烦琐影响用户参与意愿等难题。

基于区块链的分布式电力交易融合区块链共识机制、智能合约和非对称加密算法，将关键数据上链存证，可实现对用户身份的核验，交易合同经买卖双方、电网企业三方签名后生效，智能合约交易执行费用自动结算，从而提升执行效率，降低执行成本。同时，分布式能源交易市场中有许多节点参与竞争交易，基于区块链的分布式能源交易网络中每个节点处于平等地位，为防范恶意节点或不积极节点，可设置信誉值列表，保证分布式电力交易系统正常运转。

2. 方案特点

1）身份认证、存证溯源

针对能源产业链产品、用户、企业的多链条、多主体现象，发挥区块链多节点共享技术优势，实现多主体间业务数据和信息的有效共享。

2）合同管理服务

结合区块链共识机制和智能合约技术，为能源交易业务提供身份识别、策略管理、智能合约、存证服务，实现电子合同从发起、签署、归档到存证的全流程管理。

3）交易撮合服务

采用可编程的智能合约技术，通过数字签名、共识机制、非对称加密算法等关键技术实现交易安全性、公开透明性和数据可靠性。

3. 方案成果

分布式的能源系统可有效地优化能源业务流程，提升多元主体间灵活、可信、高效的协同互动。能源企业之间存在的集中部署访问受限、标识不唯一、易被窃取或篡改等问题，借助区块链技术分布式存储、防篡改、可追溯技术设计去中心化数据共享协议模块，有助于可再生能源供能服务商出售电能的利益最大化和用户购买电能的成本最小化。

6.7 本章结语

本章主要介绍了区块链在包括金融、公共政务、医疗健康、版权存证、供应链、能源6个领域的产业应用。除了本章提到的区块链在各产业中的应用案例以外，区块链还可以与其他技术融会贯通，实现“1＋1＞2”的价值。

(1) 区块链＋大数据：可让采集、交易、流通以及计算分析的每一步都留在链上，实现全生命周期追溯，使大数据的质量得到信任背书，促进大数据的各个参与方有效协作，拓展了联合对账、联合风控和联合审计等场景，打破数据孤岛现象。

(2) 区块链＋物联网IoT：可促进产品和相关数据的溯源和流通，使得物联设备的服务状态、服务效果做到“有迹可循”。

(3) 区块链＋人工智能AI：可帮助各信息掌握方、信息需要方交互和协作，在无须交换数据的前提下，训练人工智能算法和模型。

(4) 区块链＋云计算：可实现更健壮的分布式架构和更易扩展的多链跨链场景。

区块链技术的诞生，从真正意义上开辟了为“数字化信用”赋能的通道。然而，目前区块链底层技术还不完全成熟、基础设施未全面完善，企业无法快速、高效、精准地投入生产力到基于区块链技术的各种业务场景中去，区块链技术面临的普及性问题亟待解决。

需要指出的是，区块链技术或者说数字技术的使用不是一个简单的一步式的应用，而是通过组织机构(技术应用者)、普通百姓(技术受惠者)和技术特性经过多次动态博弈形成的最终技术应用。这个过程中通常伴随着企业、机构和社会的变革和阵痛。任何科技的落地都不是一蹴而就的，在技术实践过程中，用户的体验、企业的经验和科技的特性相互磨合互动，方能形成最终的平衡，也就是新的更安全智慧的产业模式和社会结构。让我们共同期待那一天的到来。

第7章 区块链平台

【本章导学】

自2009年区块链问世以来，区块链已从数字货币1.0时代发展至数字货币3.0时代，在十多年的发展历程中涌现了诸多优秀的开源项目，如以太坊公有链平台(Ethuereum)、超级账本Fabric联盟链平台以及我国自主研发的FISCO BCOS联盟链平台。这些平台汇聚了全球一大批卓越开发者的智慧，包含了众多优秀的想法和愿景。

本章主要介绍典型区块链平台包括以太坊、超级账本Fabric和FISCO BCOS的相关知识，并介绍包括蚂蚁链在内的典型区块链商业平台。通过本章的学习，可以加深对于区块链在平台架构以及应用的理解。

【学习目标】

- 掌握区块链平台的典型应用；
- 了解区块链平台在不同产业的关键作用及解决的痛点；
- 了解区块链技术在细分领域的应用。

7.1 开源区块链平台

7.1.1 以太坊

1. 产生背景

比特币作为数字货币1.0的典型应用代表，是一种去中心化的点对点的网上货币，在没有任何资产担保、内在价值或者中心发行者的情况下维持着价值，主要应用领域为加密数字货币。虽然比特币已经吸引了大量的公众注意力，但是由于其设计的局限性，无法适用于加密数字货币以外的领域，配套区块链系统也无法兼容其他应用程序。

基于以上问题，俄罗斯开发人员 Vitalik Buterin 于 2015 年推出了第二代数字货币系统——以太坊系统。以太坊系统在原有区块链技术的基础之上创新性的提出智能合约(Smart Contract)技术，让区块链具有可编程性，不同的应用通过设计独立的智能合约，实现将区块链以数字化的形式落地，极大地扩展了区块链的使用范围。随着以太坊的推出，基于此区块链的去中心化应用(DAPP)数量也如雨后春笋般迅速增加，应用范围已从数字货币金融行业扩展至保险、公益等更多领域中。

2. 以太坊介绍

根据以太坊白皮书中的定义：以太坊从本质上与比特币一致，是一个完全开放的区块链平台，允许任何用户或节点加入并使用。作为公有链技术，以太坊是一个完全去中心化的应用平台，不受任何人控制也不归任何人所有，它是一个开源项目，发展需要全球的贡献者共同维护，如图 7-1 所示。

图 7-1　数字货币 2.0——以太坊技术

与比特币不同的是，以太坊在设计之初就旨在拓展区块链的应用场景，在借鉴了比特币的数据存储、网络通信以及共识机制的前提之下，以太坊作了以下两点改进。

(1) 使用传统 Account(账户)模式替代比特币账户管理的 UXTO 模式。基于此改进可减少区块链的中数据的占有空间，让区块链可替代性更高，降低区块链的编码难度。最关键的是，Account 模式适用于除加密数字货币之外更多的应用场景，更加适应现代软件的开发需求。

(2) 在区块链之上引入智能合约。智能合约本质上与普通交易一样，都是产生交易的数据，但是以太坊通过对智能合约的设计，让其具有可编程性并且是图灵完备的。在智能合约上，用户可以开展具体业务的开发包括 DAPP 应用以及交易实现等。

与此同时，以太坊也具有公有链固有的缺点。

(1) 交易需要被验证后才能打包上链，效率低(比特币处理交易速度大约为每秒 7 笔，以太坊为每秒 20 笔)，不适合快速和大量交易的应用场景。

(2) 智能合约作为交易数据上链后就永远存在且不可更改，若存在漏洞修复成本极高，因此如何设计安全性较高的合约存在挑战。

(3) 尽管在以太坊 2.0 已采用 PoS 的共识机制，但是在 1.0 期间仍然采用 PoW 的共识机制，数据生成消耗资源较大。

7.1.2 超级账本 Fabric

超级账本 Fabric(Hyperledger Fabric,HF)是由 Linux 基金会于 2015 年创建的开源分布式账本平台,与公有链系统不同,HF 是一种联盟链技术,在创立时就锚定区块链平台的概念,其整体目标是区块链及分布式记账系统的跨行业发展与协作,并着重发展性能和可靠性。如图 7-2 为超级账本 Fabric 项目 LOGO。

图 7-2 超级账本 Fabric 项目 LOGO

Fabric 在设计上采用模块化的架构,可根据用户的需求实现灵活的配置,做到即插即用。与公有链所有节点共同维护同一账本相比,Fabric 作为联盟链的典型代表,采用了多账本机制,允许在一个区块链平台上使用多个账本,并且允许不同账本所加入的节点也不同。如图 7-3 所示,假设现在有 A、B、C、D 4 个节点同时加入区块链网络,如果在公有链环境下,这 4 个节点需要维护同一份账本,但是在 Fabric 区块链平台中可以实现 A 和 B 主机开展业务时维护一个账本,C 和 D 主机开展其他业务时维护另外一个账本,在物理上实现数据隔离。

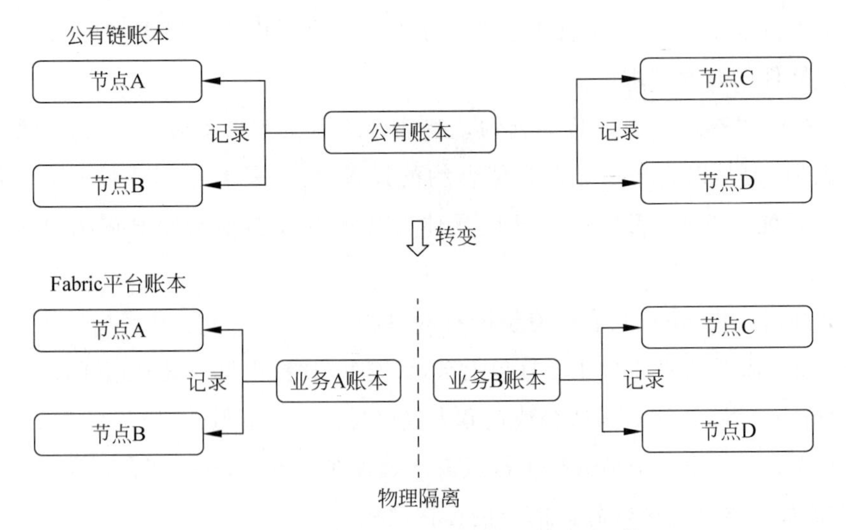

图 7-3 公有链与 Fabric 平台账本记录比较

Fabric是一个带有身份审核和节点许可的联盟链系统。利用身份审核和节点许可机制，HF可以给一系列已知的、具有身份标识的成员提供区块链技术支持。链中的节点身份包括排序节点、提交节点、验证节点，并且所有成员加入区块链都需要进行身份认证，通过设“门槛”的方式，提高了区块链平台的安全性，并使平台更加高效。

Fabric在数据上链时使用的共识机制与公有链有较大不同。由于任意节点都可以加入公有链，为了使区块链网络保持活力，公有链普遍设有激励机制即挖矿(新区块产生时进行奖励)，为了突显公平性，公有链通常会使用PoW(工作量证明)的共识机制。在Fabric区块链网络中，由于区块链为是专门处理某一业务而存在，新区块的产生更加偏向系统安全稳定运行，所以平台通常采用类似PBFT(实用拜占庭容错)共识机制，并且Fabric在新区块产生时采用了“执行-排序-验证-提交”模型，更好地扩充了HF平台的扩展性和灵活性。

区块链3.0阶段研究的重点是基于以HF为代表的联盟链落地实际产业，将区块链技术赋能更多产业，将区块链的特性与传统业务相结合，改变现有服务流程从而提升效率。

7.1.3 FISCO BCOS

如图7-4所示，FISCO BCOS是由国内企业主导研发、对外开源、安全可控的企业级金融联盟链底层平台，由金链盟开源工作组协作打造，并于2017年正式对外开源。

图7-4　FISCO BCOS区块链平台LOGO

FISCO BCOS区块链技术具有诸多特性。如图7-5所示，FISCO BCOS平台整体架构模型采用一体两翼多引擎模式，支持链内数据以多群组的形式扩展，支持含量数据存储。FISCO BCOS的节点具有多种类型，包括共识节点、观察节点，不同节点的功能也不尽相同。在性能方面，FISCO BCOS基于PBFT共识机制，TPS峰值可达2万，完全符合现在的业务开发需求。在账本模型方面，FISCO BCOS使用账户模型并且不支持分叉。在FISCO BCOS 2.0阶段，区块链网络不仅支持全程SSL数据加密，并且支持国密要求，极大地提高了安全性。

图 7-5　FISCO BCOS 区块链平台技术架构

FISCO BCOS 作为国内最活跃的区块链平台之一，目前已推出了诸多与其配套的区块链工具插件。

1. WeBASE 管理平台

WeBASE 屏蔽了区块链底层的复杂度，降低区块链使用的门槛，大幅提高了区块链应用的开发效率。如图 7-6 所示，WeBASE 管理平台包含节点前置、节点管理、交

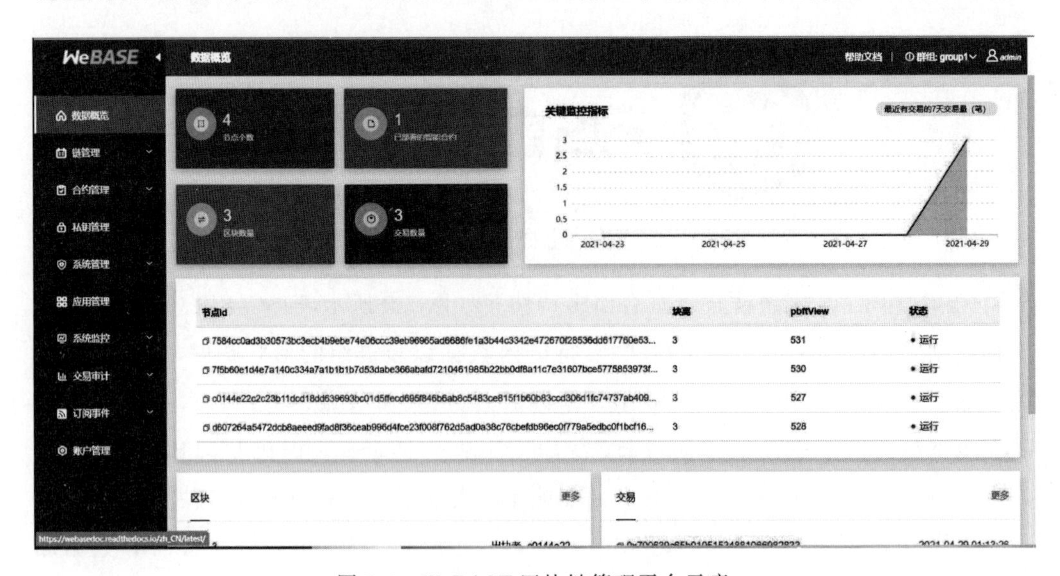

图 7-6　WeBASE 区块链管理平台示意

易链路、数据导出、Web 管理平台等子系统。用户可以根据业务所需，选择子系统进行部署，可以进一步丰富交互。

2. 企业级的运维部署工具

FISCO BCOS generator 为企业用户提供了部署、管理和监控多机构多群组联盟链的便捷工具，如图 7-7 所示为企业级的运维部署工具 generator 实现的大体方式。

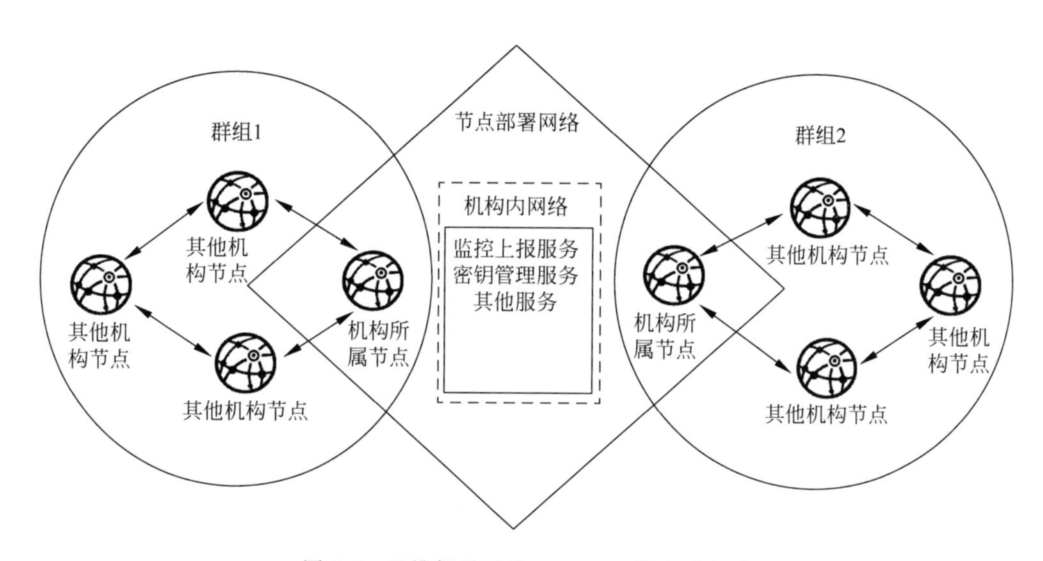

图 7-7　运维部署工具 generator 的实现方式

3. 区块链数据治理通用组件

区块链数据治理通用组件 WeBankBlockchain-Data 是一套稳定、高效、安全的区块链数据治理组件，可无缝适配 FISCO BCOS 区块链底层平台。它由数据导出组件（Data-Export）、数据仓库组件（Data-Stash）、数据对账组件（Data-Reconcile）3 个相互独立、可插拔、可灵活组装的组件组成，开箱即用，灵活便捷，便于进行二次开发。

这 3 个组件分别从底层数据存储层、智能合约数据解析层和应用层 3 个方面提供了区块链数据挖掘、裁剪、扩容、可信存储、抽取、分析、审计、对账、监管等数据治理方面的关键能力。WeBankBlockchain-Data 已在金融、公益、农牧产品溯源、司法存证、零售等多个行业落地和使用。如图 7-8 为 WeBankBlockchain-Data 的数据治理总体架构。

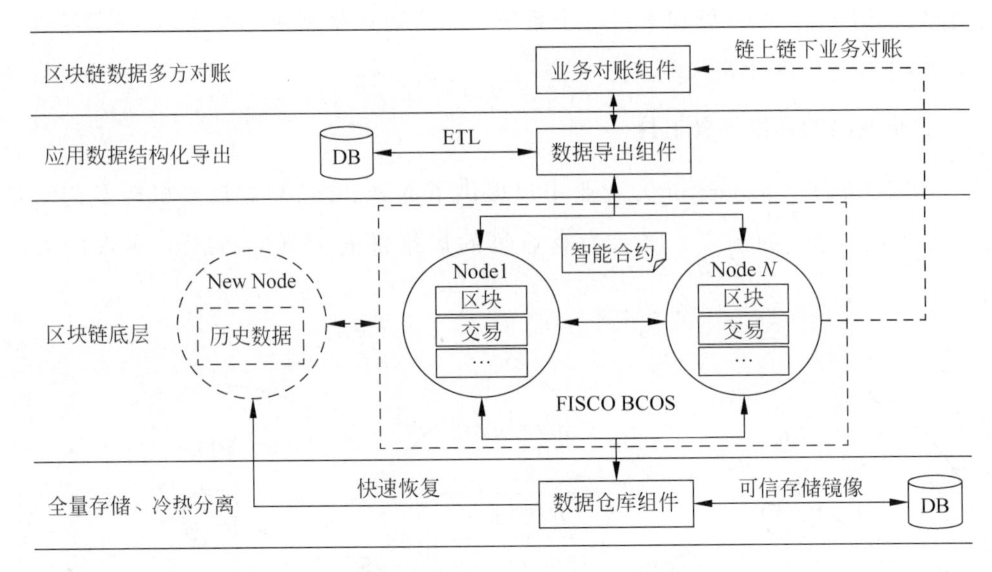

图 7-8　WeBankBlockchain-Data 数据治理总体架构

4. 区块链多方协作治理组件

区块链多方协作治理组件 WeBankBlockchain-Governance 实现了"面向区块链的多方协作治理框架"(Multilateral Collaborative Governance Framework,MCGF),力求厘清分布式协作者之间的关系,设计规范且易于实施的区块链治理模式,确保分布式商业进程中的公平公正、可信透明、激励相容和监管合规,从而促进区块链产品、社区和生态的健康、可持续发展。

WeBankBlockchain-Governance 区块链多方协作治理包含私钥管理组件(Governance-Key)、账户治理组件(Governance-Account)、权限治理组件(Governance-Authority)、证书管理组件(Governance-Cert)等,通过多方统筹配合实现对数据的多方协作。如图 7-9 所示为 WeBankBlockchain-Governance 的协作实现方式。

FISCO BCOS 社区以开源方式链接多方,截至 2020 年 5 月,汇聚了超 1000 家企业及机构、逾万名社区成员参与共建共治,现已发展成为最活跃的国产开源联盟链生态圈之一。底层平台可用性经广泛应用实践检验,数百个应用项目基于 FISCO BCOS 底层平台研发,超过 80 个已在生产环境中稳定运行,覆盖文化版权、司法服务、政务服务、物联网、金融、智慧社区等领域。如图 7-10 所示为 FISCO BCOS 更多的开源工具示例,借助这些开源工具,FISCO BCOS 将有更加宽广的应用场景。

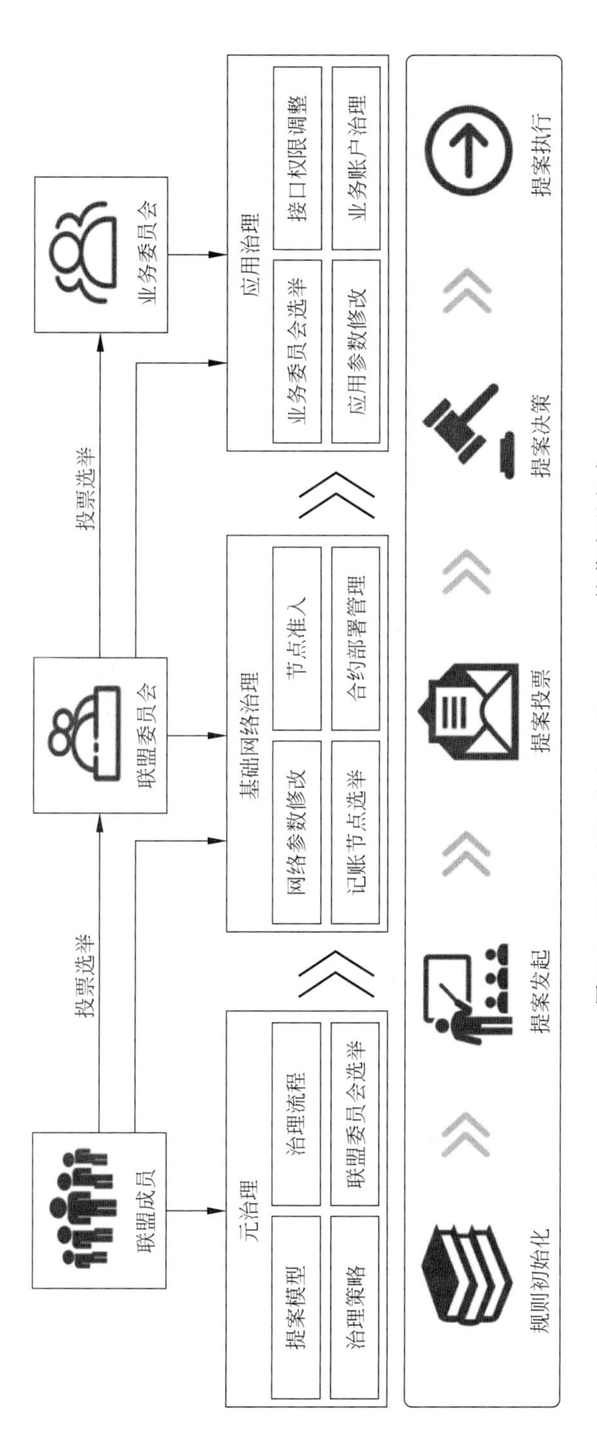

图 7-9 WeBankBlockchain-Governance 协作实现方式

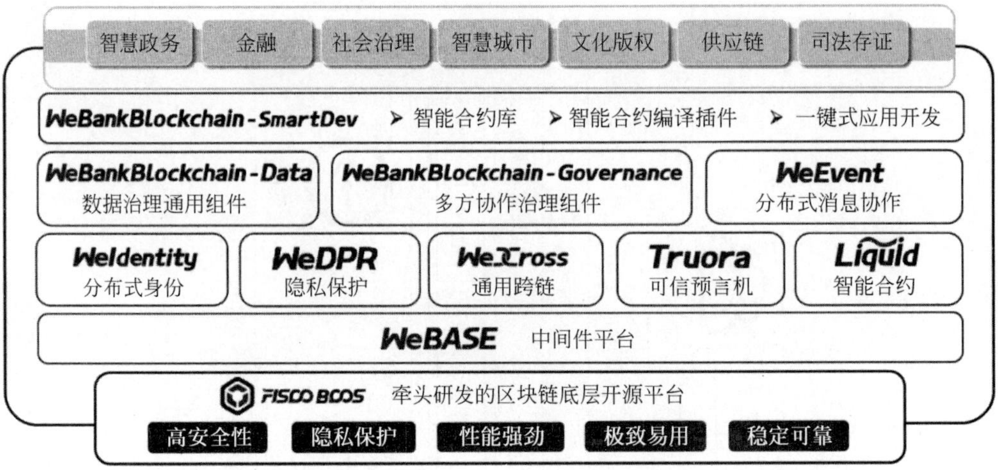

智慧政务 金融 社会治理 智慧城市 文化版权 供应链 司法存证

WeBankBlockchain-SmartDev ➤ 智能合约库 ➤ 智能合约编译插件 ➤ 一键式应用开发

WeBankBlockchain-Data 数据治理通用组件

WeBankBlockchain-Governance 多方协作治理组件

WeEvent 分布式消息协作

WeIdentity 分布式身份

WeDPR 隐私保护

WeCross 通用跨链

Truora 可信预言机

Liquid 智能合约

WeBASE 中间件平台

FISCO BCOS 牵头研发的区块链底层开源平台

高安全性 隐私保护 性能强劲 极致易用 稳定可靠

图 7-10 FISCO BCOS 更多的开源资源工具

7.2 区块链商业平台

7.2.1 蚂蚁链

蚂蚁区块链是蚂蚁集团代表性的科技品牌，该品牌现已升级为蚂蚁链(ANTCHAIN)，致力于打造数字经济时代的信任体系。

2016—2020 年，蚂蚁链连续 4 年位居全球区块链专利申请数第一，在技术上已经能够支持 10 亿账户规模，同时能够支持每日 10 亿交易量，实现每秒 10 万笔跨链信息处理能力。蚂蚁链凭借其开放生态，与合作伙伴共建区块链产业，共享由之带来的互联价值红利。在实际应用上，蚂蚁链联合其生态合作伙伴，解决了 50 余个场景的信任难题。如图 7-11 所示为蚂蚁链的应用场景示例。

1. 蚂蚁链的技术优势

蚂蚁区块链平台经过多年的积淀与发展，已达到金融企业级水平，具有独特的高性能、高安全特性。从核心技术方面看，蚂蚁链在共识机制、网络扩容、可验证存储、智能合约、高并发交易处理、隐私保护、链外数据交互、跨链交互、多方安全计算、区块链治理、网络和基础实现、安全机制等领域取得突破。蚂蚁链具备以下技术优势。

(1) 共识机制：支持 100＋节点的高效共识、万级 TPS、交易秒级确认。

图 7-11　蚂蚁链应用场景示例

（2）智能合约：灵活安全的编程模型、支持多类开发语言、提供安全可信的合约审计。

（3）隐私保护：强隐私账户模型、多类同态加密、零知识证明保护交易内容、可信硬件。

（4）跨链交互：跨链数据路由协议和预言机服务提供可信外部数据。

《2020上半年全球企业区块链发明专利排行榜》显示，阿里巴巴（支付宝）以1457件专利数继续位列第一，且总数超过第二、三、四名之和，连续4年蝉联区块链专利申请全球第一。阿里巴巴的区块链专利主要来自蚂蚁链。截至2020上半年，根据中国专利保护协会相关报告，蚂蚁链全球专利授权数也排行第一。

2. 蚂蚁链的行业应用

（1）金融领域。区块链可以使得跨境支付的交易透明，信息公开，既符合监管的需求，又重塑了中心化。在中国金融市场对外开放的同时，通过区块链助力推进资产证券化的标准化发展也更符合整体穿透式监管的宗旨。

（2）保险领域。相互宝利用区块链技术公示所有保险资金的流向，增加了互助团体的互信，更能发挥个体的主动性，使得多种保险模式得到更好的发展，成为了医疗保险体系很好的补充。蚂蚁区块链打通了电子票据在多机构之间的透明以及快速流转，保证了电子票据信息真实，杜绝了一张票据多次报销，让保险公司可以在5秒内完成理赔，大幅提高了医疗保险理赔的效率。

(3) 司法存证。利用蚂蚁区块链信息不可篡改等特性，区块链在司法领域可以很好地解决电子证据的生成、存储、传输、提取的全链路可信问题，助力从公证、鉴定、认证到法院等多方链上节点共同见证、共同背书，真正实现电子数据的全流程记录，全链路可信。不仅从源头上解决电子证据的可信问题，更从深层上倒逼互联网行为的规范和空间治理方式的跃升。目前，蚂蚁区块链已经承建最高法区块链平台，联合全国各级法院完成超1.8亿条数据完成上链存证固证。

(4) 版权保护。区块链技术可为作品内容生产机构或内容运营企业提供集原创登记、版权监测、电子数据采集与公证、司法维权诉讼于一体的一站式线上版权解决方案。应用于版权存证、取证，链上的电子存证与司法打通，创作者可一键举证直达法院。

(5) 慈善公益。利用区块链技术公示捐赠资金的流向，可提升捐赠人信心、加强具象捐赠感受、提高公益机构及受捐人的公信力，使公益慈善事业朝着良性循环的方向发展。2016年7月，蚂蚁区块链首次应用在支付宝爱心捐赠平台，上线区块链公益筹款项目“听障儿童重获新声”，让每一笔善款可被全程追踪。2019年9月，阿里巴巴发布了“链上公益计划”，这是区块链公益平台的首次开放，平台主旨为实现公益的透明开放、人人参与、共同监督。

(6) 电子票据。蚂蚁区块链应用于财政票据，以提供隐私保护和多方安全用票为目的，结合区块链不可篡改、可追溯的特性，为财政部门提供了电子票据查验、归集、报销入账等服务，既保护了患者的隐私，又为票据在多个政务民生应用中流转的可靠性提供了技术保障。

(7) 电子发票。蚂蚁区块链本身所特有的隐私保护、数据加密、不可篡改以及可追溯的特性与发票的使用需求非常切合。通过智能合约和安全隐私等特性，税务局可以在区块链上完成发票号段分配和发票开具，解决税控发票开具难、成本高、管理复杂等问题，实现发票全生命周期的可信流转。

7.2.2 智臻链

“智臻链”是京东数科旗下的区块链品牌。2016年10月，京东组建区块链技术团队，开始了对于区块链技术的价值探索和产业应用。京东数科的区块链技术孵化于供应链溯源场景并在实践中逐步发展迭代。2017年6月，京东数科上线“智臻链防伪追溯平台”。

2019年下半年，京东数科开始面向客户提供区块链相关服务。在此之前，区块链技术及相关应用主要供京东集团内部使用。

目前，京东数科提供的区块链服务主要包括区块链技术平台、商品溯源、数字存证、ABS云平台、电子合同五大服务。其中，区块链技术平台主要包括JD Chain和智臻链BaaS两大核心技术平台。下面将从供应链溯源、云服务两个方面介绍智臻链的总体架构与应用。

1. 借助内部零售和物流资源禀赋，布局供应链溯源

供应链溯源场景是京东数科最早布局，也是当前最成熟的区块链应用场景之一。京东数科在供应链溯源上的布局应用主要基于京东的零售资源和物流资源。

一方面，京东具有良好的供应链物流基础设施和服务能力，数字化程度高的供应链使得信息上链的边际成本较低；另一方面，京东的零售业务与供应链上下游的参与主体紧密连接，有利于区块链联盟链的搭建以及后续各参与节点的管理。

2016年6月，农业农村部发布《关于加快推进农产品质量安全追溯体系建设的意见》，指出要全面推进现代信息技术在农产品质量安全领域的应用，建立国家农产品质量安全追溯管理信息平台。目前，京东数科已经将区块链应用到生鲜农业溯源、酒水溯源、医药溯源、母婴溯源以及跨境电商等多个领域。

京东数科已经与政府监管部门、品牌商、渠道商、检测机构共建共享区块链品质溯源防伪联盟，结合物联网的数据采集功能，实现供应链全程溯源，并基于一物一码实现商品品质的全流程监控，促进商品信息透明共享、商品质量真实可信，助力相关部门有效监管。如图7-12为智臻链“区块链+供应链溯源”的应用场景。

2. 联合京东云，推动区块链“上云”

在应用实际落地过程中，区块链技术具有很高的门槛。首先，企业实现区块链的应用往往需要专业的区块链IT技术人员进行开发工作，对技术人员专业水平要求很高；其次，实现区块链技术的落地实施，还需配置多种硬件资源，且需要大量的运维人员，应用成本较高。将区块链“上云”，不仅可以提高区块链应用的稳定性，而且可以降低区块链的应用门槛。将区块链部署在“云”上，是区块链的未来发展趋势。

京东数科联合京东云推出的智臻链BaaS可以帮助客户实现区块链技术平台的部署和联盟网络的组建，提供区块链网络多级分层扩展功能、链上应用开发工具和安全合规的信息处理能力，能够解决企业落地区块链技术过程中遇到的实际问题。

目前，智臻链BaaS已经应用于金融、供应链协同、可信存证和公益众筹等场景。

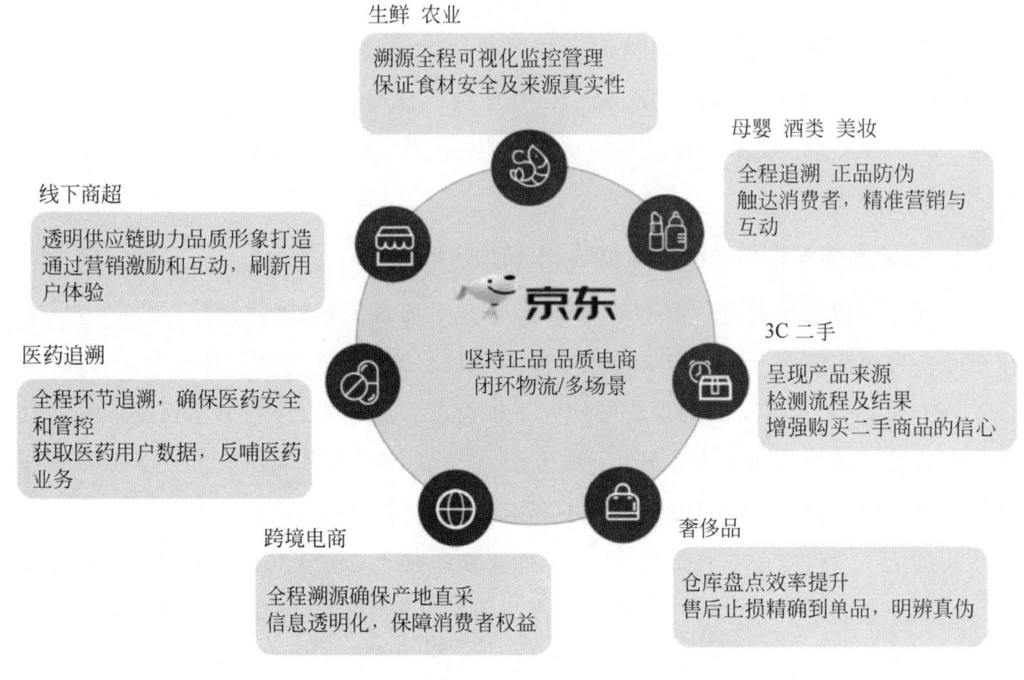

图 7-12　智臻链"区块链+供应链溯源"应用场景

通过与京东云合作，京东数科能够实现更多区块链业务应用，加速其区块链生态的发展和价值落地。如图 7-13 为智臻链 BaaS 平台架构。

应用层	防伪追溯	公益扶贫	数字存证	电子证照	信用流转	数据共享	…
接口层	BaaS-Web			SDK&API			
服务层	特色服务		合约管理		监控运维		
	快速部署	账户认证	上传校验	合约部署	节点管理	服务管理	
	企业级部署	统一鉴权	合约升级	合约列表	交易管理	区块浏览	
	微服务	开放接口	合约库	合约模板	账户审计	账户管理	
区块层	JD Chain		Hyperledger Fabric		Stellar		
资源层	公有云		私有云		混合云		

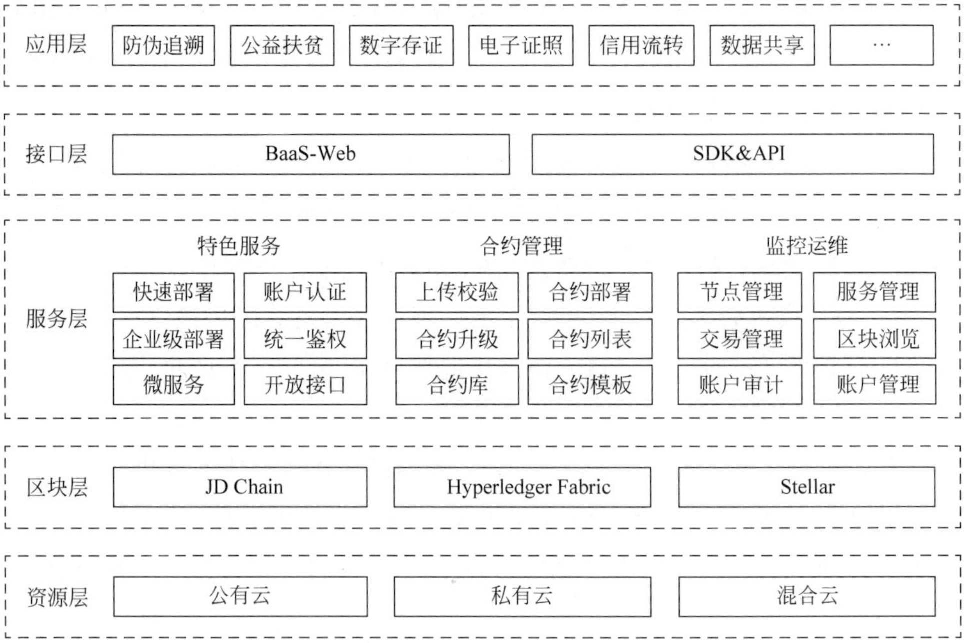

图 7-13　智臻链 BaaS 平台架构

7.2.3 超级链 BaaS 平台

百度超级链是为企业或开发者快速搭建区块链网络的 BaaS(Blockchain as a Service)平台，目前完美兼容以太坊、Fabric、百度自研超级链 3 种主流框架。用户可以根据业务场景选择合适的框架，仅需简单配置网络参数即可快速构建出高稳定性、高吞吐率、安全可信的区块链网络，同时提供丰富的智能合约基础库，减少用户在区块链网络部署、管理、运维、DAPP 开发中消耗的精力和时间，帮助用户简单、快速地实现业务与区块链的融合。

1. 结构框架

百度超级链分别包括节点管理、智能合约管理、网络管理以及部署合约，每个模块都具有独立开发的插件支持多种应用场景。与此同时，百度超级链还具备全面的区块链能力，分别包括：

(1) 插拔式区块链框架(百度超级链、以太坊、Fabric)；

(2) 全面的区块链组件(钱包、浏览器、IDE、控制台)；

(3) 最先进的区块链技术(超级链百万级 TPS、立体链网、超级节点)。

另外，百度超级链的交付形态也很多样，分别包括：

(1) 区块链公有云、区块链私有化、区块链超级节点多产品形态；

(2) 托管链、私有链、联盟链、超级节点多组织形态。

如图 7-14 所示为百度区块链引擎(Baidu Blockchain Engine，BBE)框架结构。

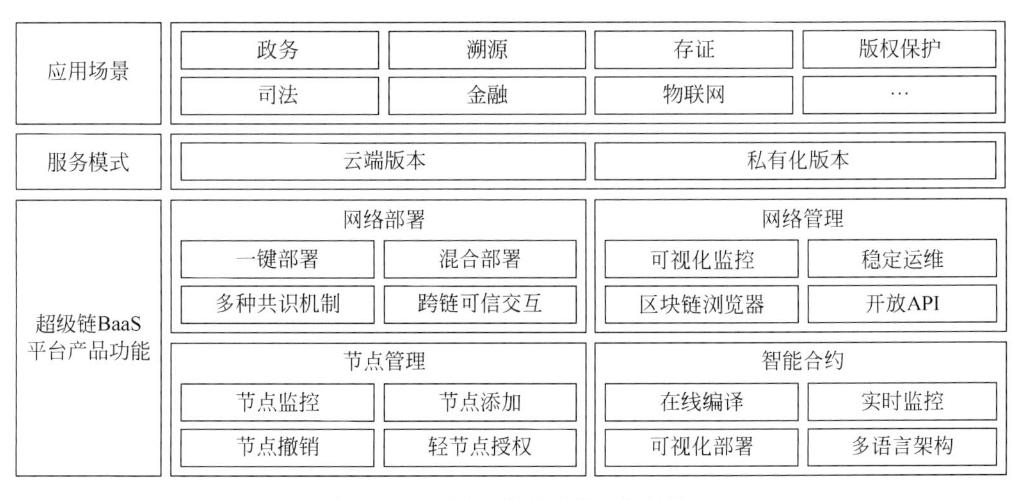

图 7-14 百度区块链引擎框架结构

2. 体系优势

百度超级链在原创的统一技术框架下，提供全面的区块链形态和场景的适配能力，公有链、联盟链、私有链场景全覆盖，拥有公有云、私有化部署、超级节点等灵活输出形式。

区块链落地行业中积累的创新实践，通过产品和技术输出赋能至合作伙伴，加速落地区块链，包括多链架构、跨链数据同步、跨组织数据共享、链上链下安全、多层级激励系统等。

3. 应用场景

超级链 BaaS 平台服务目前已经以公有云、私有云的服务形式在多个行业进行商业落地，为客户提供可信存证、可信信息共享、可信金融、可信激励等多种服务。为金融、保险、物流、传媒、医疗、政务、零售、游戏等多种行业提供优质的区块链解决方案。

1）物联网-危化品物流运输的解决方案

（1）适合场景。

- 监管难度大、缺乏数据支撑；
- 从业人员专业度要求高；
- 资源信息不明确，易串/丢货，货物污染；
- 经销商链条不透明，高空载。

（2）特色。

- 安全芯片确保车载数据防伪造；
- 司机、卡车证照合规防篡改；
- 资源运输全程可溯源，易监管；
- 基于线路和数据的货运调度优化，提高运能和司机收入。

如图 7-15 所示为物联网-危化品物流的超级链解决方案。

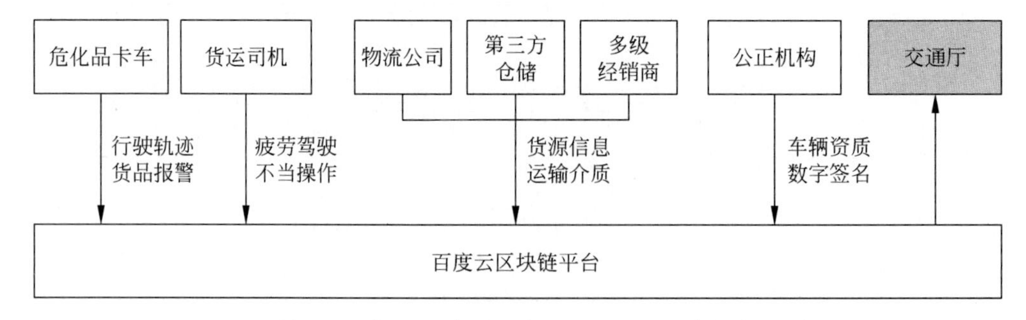

图 7-15 物联网-危化品物流的超级链解决方案

2）金融催收的解决方案

（1）适合场景。

- “数据”资产化上链；
- “区块链资产”具备独特属性；
- “资产流转”多方参与。

（2）解决痛点问题。

- 差异化的资产包定义；
- 资金自动化清算结算；
- 数据真实透明安全，增强多方信任；
- 平台化运作，多分支机构接入。

如图 7-16 所示为金融催收的超级链解决方案。

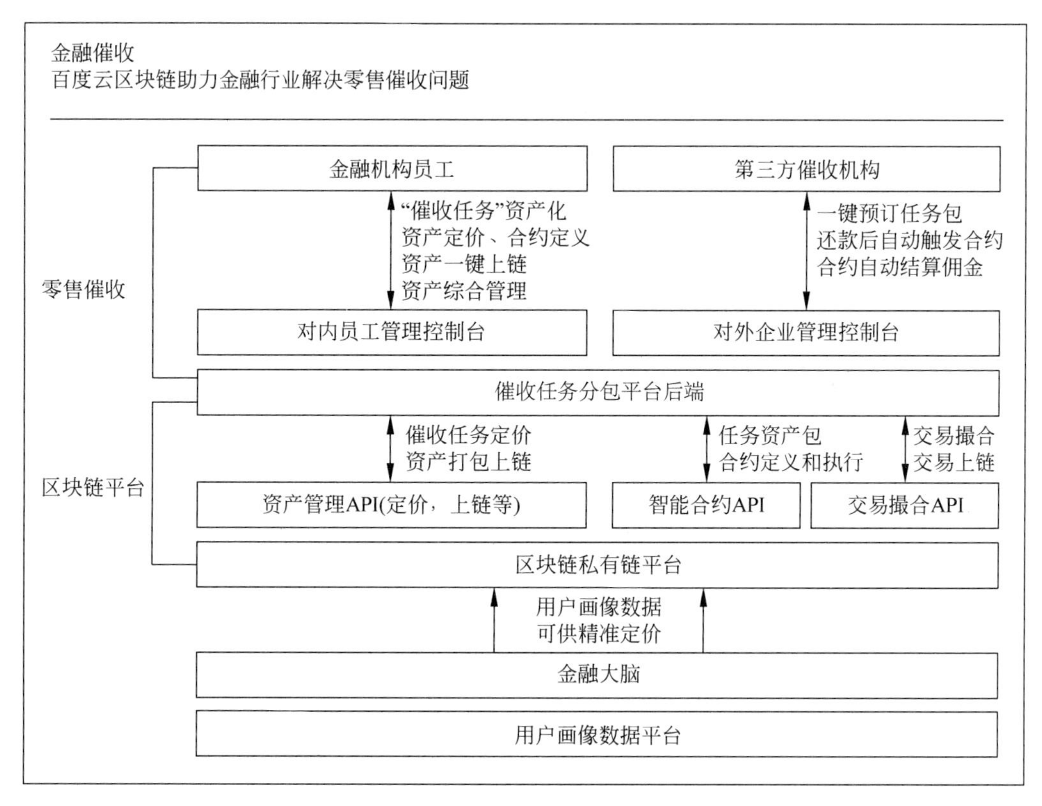

图 7-16　金融催收的超级链解决方案

3）金融信息共享平台

（1）解决痛点问题。

- 金融机构之间信息共享困难，数据利用率低；

- 数据分散在多个平台，安全没有保障且数据易丢失。

（2）业务收益。

- 极大地提高用户数据的利用率；
- 用户画像数据上链实现可信查询、安全保障。

图 7-17 所示为金融信息共享平台的超级链解决方案。

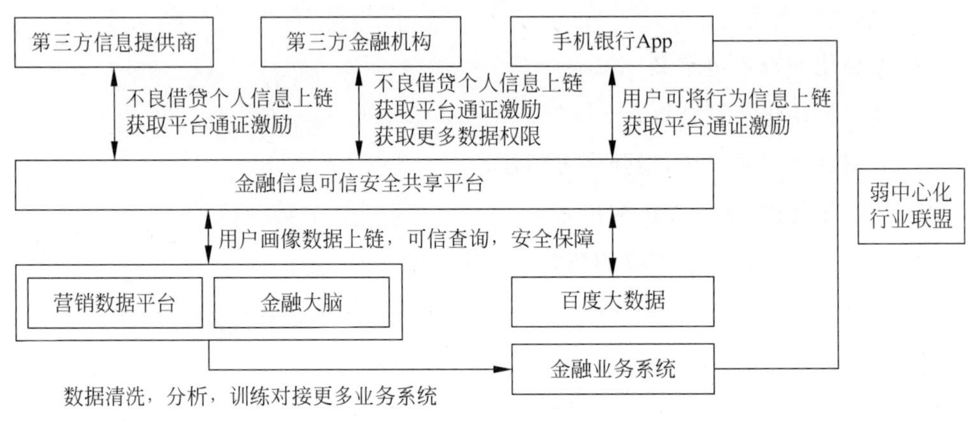

图 7-17　金融信息共享平台的超级链解决方案

7.2.4　Trust SQL

腾讯区块链 Trust SQL 是腾讯公司在自主创新的基础上，打造的提供企业级服务的"腾讯区块链"解决方案。基于"开放分享"的理念，腾讯将搭建区块链基础设施，并开放内部能力，与全国企业共享，共同推动可信互联网的发展，打造区块链的共赢生态。腾讯区块链致力于提供企业级区块链基础设施，行业解决方案，以及安全、可靠、灵活的区块链云服务。

1. 腾讯区块整体架构

腾讯区块链的整体应用框架，秉持区块链的分布式、弱中心、自组织精神，尽可能地弱化各个节点在业务开展过程中对中心化设施的依赖，致力于解决应用从前到后全生命周期的问题。

腾讯可信区块链方案的整体架构分成 3 个层次。腾讯区块链的底层是腾讯自主研发的 Trust SQL 平台，Trust SQL 通过 SQL 和 API 接口为上层应用场景提供区块链基础服务。

中间的平台产品服务层（Trust Plattorm）是在底层（Trust SQL）之上构建的高可用性、可扩展性的区块链应用基础平台产品，其中包括共享账本、鉴证服务、共享经济、数字资产等多个方向，集成相关领域的基础产品功能，帮助企业快速搭建上层区块链应用场景。

应用服务层（Trust Application）向最终用户提供可信、安全、快捷的区块链应用。腾讯未来将携手行业合作伙伴及其技术供应商，共同探索行业区块链发展方向，共同推动区块链应用场景落地。

2. BaaS 平台架构介绍

BaaS 开放平台为腾讯区块链提供的企业级区块链应用开放平台，客户可使用测试链进行服务测试或搭建自己专属的联盟链。根据腾讯区块链应用框架的总体设计，BaaS 开放平台整体架构设计分为两部分：链管理平台和节点管理平台。

（1）链管理平台为中心化管理平台，负责建链及链、节点、成员的管理，不涉及业务逻辑与读写数据。

（2）节点管理平台为去中心化管理平台，部署于节点本地，可帮助用户管理数据、业务逻辑，具备用户公钥管理以及区块链浏览器等功能。

3. 供应链金融解决方案

此方案旨在链接企业资产端及金融机构资金端，降低小微企业融资成本，为金融机构提供更多投资场景，助力普惠金融。如图 7-18 所示为供应链金融的解决方案框架。

供应链金融的行业痛点问题包括以下几个方面。

（1）融资难。由于供应链中的小微企业自身信用级别较低，固定资产等抵押担保品少、财务信息不透明等原因，难以获得银行等大型金融机构的授信。

（2）管理难。供应链由多方主体共同参与，容易造成信息不对称、不透明甚至传递过程的失真现象，导致供应链运作效率低下，甚至引发风险。

（3）融资成本高。多级供应商通常面临较高的融资费率，民间借贷利率高，纠纷不断，难以杜绝一债多抵多卖现象。

供应链金融解决方案针对行业痛点问题，提出可行方案，具体如下所述。

（1）资产数字化。应收账款资产数字化，链上实现债权凭证的流转，保证资产不可篡改，不可重复融资，同时可被追溯。

（2）加强供应链管理。核心企业以自身信用，协助解决上游供应商资金短缺问题，加强全链路管控，降低供应链风险。

（3）协同共建生态。协同核心企业及其上下游供应商、银行、保理等多种金融机构，共建基于区块链的供应链金融协作生态，解决供应商融资难问题，同时提升多方协作效率。

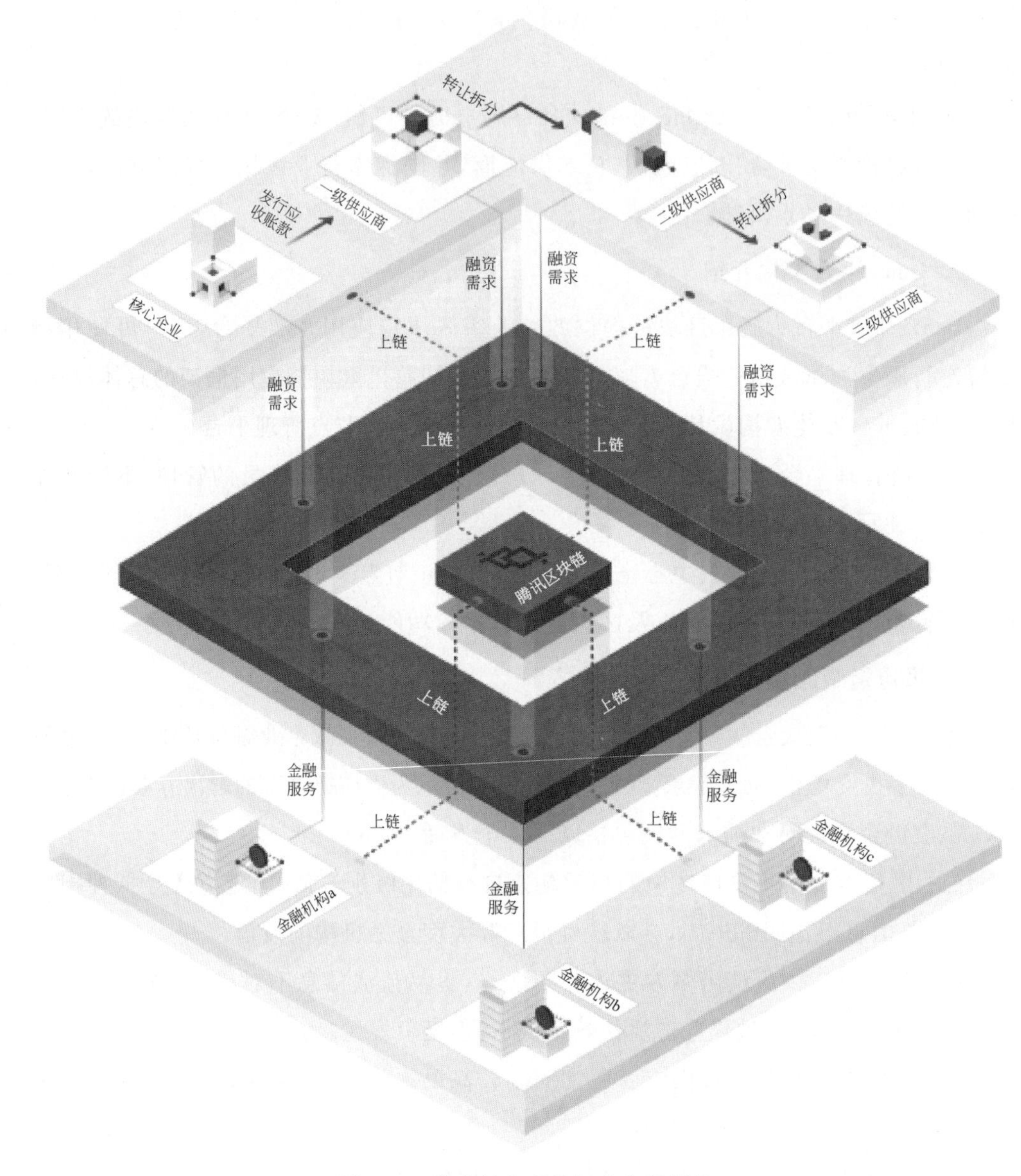

图 7-18　供应链金融的解决方案框架

4. 政务数据解决方案

政务数据较敏感，为保证真实性，数据需经过官方授权与验证，数据的获取与使用需全流程监控，使用情况要及时反馈。政务数据的使用常常涉及多主体，各方权责要清晰，多主体间的数据传输要有介质连接，跨体系数据传输需要有可靠的传输介质。因数据敏感，存储时需保证信息安全，传输时需防止数据泄露，存储和传输的安全要求高。

通过轻量化的小程序，数据拥有者可随时随地对数据资产进行安全管理与授权，数据使用情况一目了然，消除了数据被滥用和泄露的风险；数据在链上流转，防篡改、可追溯，使用方业务权责清晰，数据所有权、使用权明确；监管部门可闭环评估数据资产使用状况，提升了服务质量。如图 7-19 所示为政企联盟链的解决方案示例。

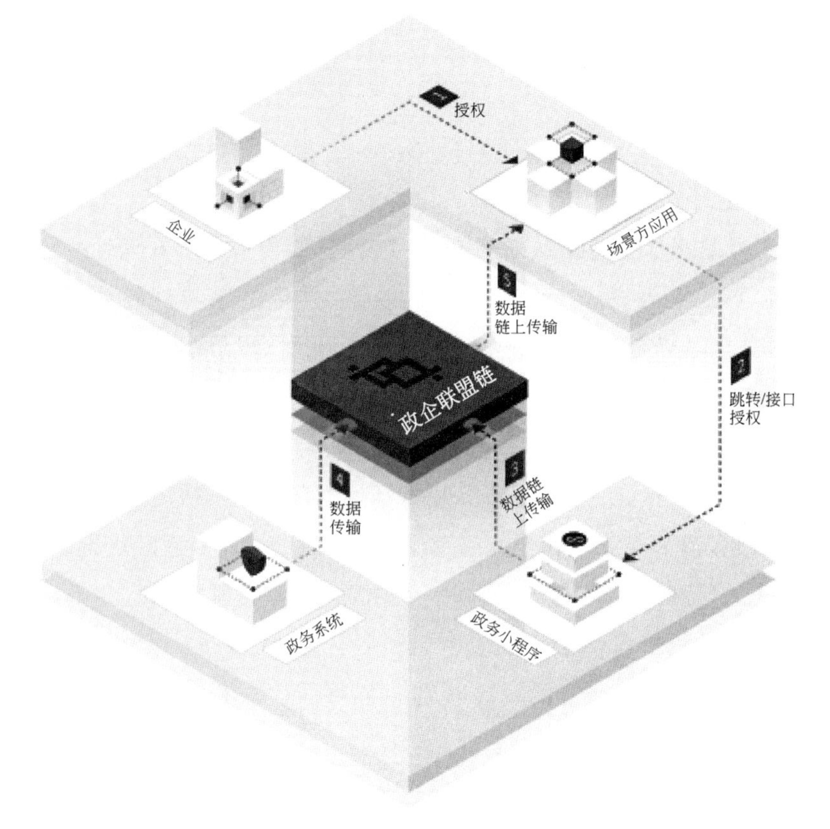

图 7-19　政企联盟链的解决方案

第8章 区块链创新项目设计

【本章导学】

区块链无疑是当今世界最炙手可热的科技明星，当人人都在谈论一项科技和它的应用（比特币、数字人民币、区块链金融）时，往往是机遇与挑战并存的。在历史上，每一次科技的革新都伴随着重大的社会生活发展和经济生态的扰动，区块链作为一项具有颠覆性价值的科技也不例外。加上其复杂的学术理论架构和创新的科技手段，区块链无疑是难以理解的。每当出现一个难以理解的概念，往往会有两种现象出现：一是兴趣和尝试，二是恐惧和排斥，也不乏有人利用人们的认知盲点来进行欺诈。因此，不管对于区块链从业者，还是普通大众，了解区块链能够做什么，以及找到正确的尺标评估一个项目是否真的是"区块链项目"，这些都是亟待解决的问题。在前面的章节学习中，我们已经解决了"区块链是什么？""区块链能够做什么？"的问题——我们详细介绍了区块链的各种科学技术原理，以及这些技术带来的分布式、去中心化、透明化、不可篡改、可编程、去信任化等特性；我们对区块链涉足的领域如金融、供应链、政务、服务、存证及版权、卫生安全等领域也进行了分析介绍。

本章将会主要聚焦另一个关键问题："如何评估一个项目是否真的是区块链项目？"。我们会从此出发，给读者提供一个简单易行的思路和一套完整的判断方法。目的是帮助读者拨开迷雾，擦亮眼睛，辨别一个区块链项目的真假和类别，并能够自己去发现适合区块链的行业和应用。我们会聚焦创新，关注应用、未来什么领域可以与区块链融合以及剧变如何发生。未来由具备知识和创新精神的人们来定义。

【学习目标】

- 了解区块链应用的价值判断准则，能够判断具体系统应用的价值；
- 结合运用区块链到具体场景，了解区块链技术的落地方案与细分规划；
- 了解结合区块链技术的创新项目设计，掌握项目设计的一般流程。

8.1　区块链应用的价值判断准则

在深入了解区块链技术后，我们会发现区块链可以运用在任何行业与领域中，但是并不是所有行业都需要区块链，区块链面向的行业，需要多方参与，构建行业联盟，形成事实标准。在使用区块链技术之前，需要充分考虑必要性。

我们可以采用图 8-1 所示的流程图来判断一个场景是否需要区块链。总的来说，区块链适用于多状态、多环节、需要多参与方协调完成、多方相互不信任、无法通过可信任第三方完美解决问题的场景。

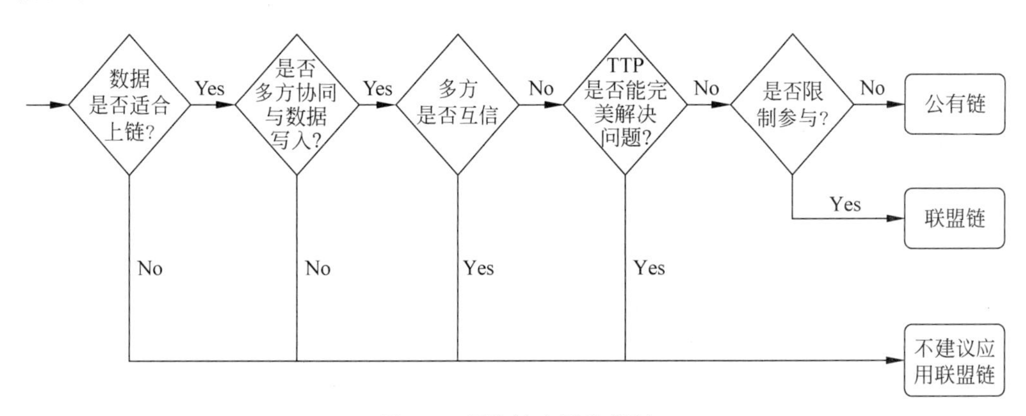

图 8-1　区块链应用决策树

TTP(Trusted Third Party)是指可信任第三方，例如中国数字证书认证中心。由图 8-1 可知，判断场景是否需要区块链有五大准则，分别为判断数据是否适合上链、判断是否存在多方协同与数据写入、判断业务参与方是否互信、判断 TTP 是否能够完美解决问题、判断是否限制参与。接下来将对这 5 个准则做详细剖析。

8.1.1　准则一：数据是否适合上链

在考虑区块链与应用场景相结合时，我们需要思考一些问题，如果在场景中需要保存的数据有多种，那么到底哪种数据适合用区块链存储？什么样的数据适合上链？哪些数据不适合上链？

1. 不适合上链的数据

从保密角度来说，不需要或不想共享的数据不适合上链。例如用户的私钥，是用户绝对不想分享的信息，而如果上链则意味着被每一个区块链参与者记录并存储，即便被加密也会有泄露的风险。因此个体需要严格保密的数据不适合上链。

从性能角度来说，过于繁杂的数据和更新过于频繁的数据也不适合上链。比如用户上传的一些二进制的介质、一般的音频/视频、日志文件等。因为区块上存储的数据是作为链的一部分永久地保存下去，并同步到每一个参与节点用来保证完整性的。如果所有一般数据都存储上链，不仅没必要，还会严重影响同步性能，占用有限的存储空间。不仅如此，由于区块链需要密码学算法进行哈希和非对称加密运算，交易的最终数据也需要通过分布式共识机制才能最终落块，对安全性与性能必将作出取舍，因此过于频繁地写入操作不太适合区块链。

2. 适合上链的数据

简单来说，需要共享的、具备可信度的、具备可追溯性的、不希望被篡改的、独一无二或珍贵的数据信息是适合上链的信息。交易就是一个典型的例子，这也是为什么区块链最著名的应用是加密货币，同时区块链经常被定义为"分布式账本"的原因；还有诸如保险行业的保单信息、能源领域的点对点电力交易、物流领域的物品防伪可追溯和医疗领域的患者数据共享等。

如果应用场景中的数据不适合上链，比如存在严格保密的数据或内容较大，那么该应用场景就不适合使用区块链技术。

3. 数据上链的实际案例——医疗数据共享平台

1）应用背景

医疗信息建设没有以个人为中心，普通人缺乏对自身医疗数据的掌控。目前区域卫生信息化平台的数据来源于医疗机构或公共卫生机构，数据的应用主要面向管理与统计监测，普通人的数据仍然是割裂的、不完整的。即使提供了居民电子健康档案的查询服务，但由于平台中连接的医疗机构的有限性，机构上传数据的选择性，仅仅在电子病历上患者也无法实现对自身数据的掌握。

患者生产型数据(PGHD)没有一种有效的汇集方式，个体数据在时间、空间完整性上严重欠缺。医疗健康数据的完整性是发挥价值的关键。针对个体完整的数据监测，才能预测疾病的发展趋势，提供有效的干预方案。传统医疗信息局限于医疗范畴，院外的患者自我监测的数据、记录的疾病状态等患者生产型数据并没有被纳入。目前这些患者记录型的数据要么以片段方式记载在各种纸质载体上，要么零碎地存在于各种健康应用记录中，或是被智能硬件设备所存储。

2）基于区块链的解决方案

医疗行业的新兴进入者以区块链技术创新团队为主，希望借助区块链建立新的医疗生态，实现跨越发展。他们的做法主要是推动建立新的医疗信息存储与共享平台，实现系统之间以个人为中心的信息互操作性，解决患者的信任问题。

通过区块链分布式存储，提高信息安全；通过个人账本实现个体医疗健康数据的汇集；通过非对称加密、公私钥设计，实现医疗数据的授权使用；通过一系列的措施解决医疗数据利用价值不足的问题，通过区块链实现医疗健康数据所有权的回归，在去信任化的网络中激发医疗数据的价值。

最终形成的应用场景为中心化存储机构（以区域卫生信息平台为主）利用区块链技术实现数据（中心型产生的医疗健康数据为主）所有权的回归。而以个体为中心的新数据存储方式则是建立一套新的医疗数据（个体零散数据为主）存储流通体系。

3）具体应用案例分析

医疗数据的价值被广泛看好，但当前并没有一条主流成熟的医疗区块链，这也吸引了众多团队进入到该领域，角逐最后的胜利。表 8-1 为美英两国针对医疗数据应用场景的区块链解决方案。

表 8-1　美英两国针对医疗数据应用场景的区块链解决方案

案　例	出现时间	国　家	基本情况
MedRec	2018 年	美国	MedRec 是一个通过以太坊区块链管理医疗记录的系统。这个系统目前正在开发中，它让用户能够查阅人口普查级别的医疗记录，让医护及医学研究都受惠
Medicalchain	2017 年	英国	Medicalchain 使用区块链技术创建以用户为中心的电子健康记录，允许用户向医疗专业人员提供个人健康数据。通过分布式账本实现数据审计、透明和安全

如图 8-2 为 MedRec 区块链的设计架构图。

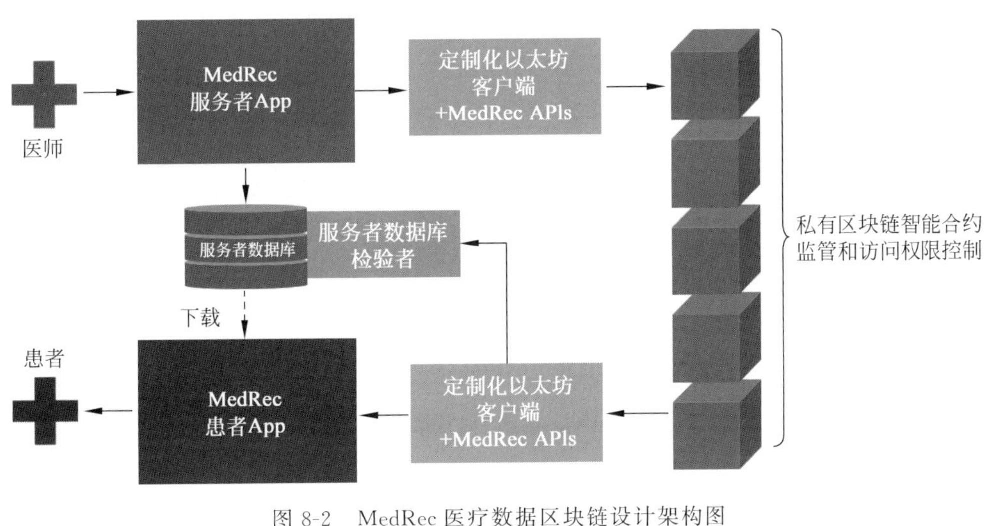

图 8-2　MedRec 医疗数据区块链设计架构图

8.1.2 准则二：是否存在多方协同与数据写入

区块链的一个重要特性是去中心化，所以准则二也可以理解为系统是否需要去中心化技术。为了更好地知道什么样的系统是需要具备去中心化的特性。我们先来梳理一下中心化系统的弊端。

中心化系统由于权力往往集中在一处，数据中心常常拥有至高的数据存储、使用权力。所以跟人类社会所有权力集中的地方一样，这意味着容易滋生“腐败”，没有人能够保证数据中心在面对引诱时不会篡改数据，更何况篡改数据的难度可比监督审查的难度低得多。数据的集中也意味着中心机构以外的人对数据的访问困难，同时随着边际效益的降低，保管越来越多的数据对数据中心本身的性能和扩展性也提出了极高的要求，这又反过来增加了数据使用的成本，给数据的有益扩散造成了阻碍。一个常见的案例就是跨省办案的难点在很大程度上来自数据不能同步和资源调配成本过高。最后，中心化系统抗攻击能力差，一旦一个节点被黑客攻破，几乎就是全盘皆输。为了保护信息的安全，防护部门必定绞尽脑汁地花费高额成本进行防护，但结果我们也看到了，即使如谷歌、脸书这样的互联网公司巨头，也还是时不时会爆出被黑客攻击造成用户资产受损的丑闻。

这些数据中心化的弊端，都可以依靠区块链天然的去中心化属性来解决。将中心化账本转化为去中心化账本，这样每个数据节点是对等的，都拥有完整的数据链。这样除非黑客同时攻陷大部分节点，否则不会影响数据的正确性，这就大大降低了一个数据中心的管理和防护压力。另外，分布式系统降低了数据访问的成本，增加了数据传播的效益。最后，各个节点之间也可以起到相互监督的作用，把权力从一个人手上转移出来，真正地实现数据自治。

比如在准则一中提到的医疗数据共享平台的案例，如果只有一个写入者，那么无论拥有多少共识节点都是没有意义的，因为单一控制节点可以随意写入、随意变更数据，本质上又变成了一个中心式的系统。因此，一个合理的区块链应用要求参与的各方都可以具备预先规定好的写入权限，并且相互制衡，从而达到去中心化和保证信息安全的目的。

如果应用场景中，存在中心化系统以及多方数据的写入，并且由此产生了相应的弊端，那么此应用场景就可使用区块链技术作为解决方案。

应用案例：去中心化电能供应系统

1）案例背景

目前，能源领域存在供给垄断现象，消费者缺少选择权导致电力价格过高不可靠，此类问题在国外尤其严重。由于传统模式下公共电力公司作为中心化业务公司几乎掌握所有的电力资源，普通消费者对电力公司的任意电力价格调整完全没有话语权。尽管目前已经涌现了诸多新能源发电手段，如太阳能电池板、风力涡轮机等，但是由于缺乏将此类能源供应到消费者生活中的媒介，这些能源往往会作为冗余能源储备低价售卖输入电网，再由电网作为中心机构来分配，因此，电力的终端消费者在能源的渠道上仍然没有选择权，在形成价格时没有真正的发言权。

2）解决方案

分析以上问题，根本原因在于在供应链中不同角色的身份地位不同，出现供需不均衡、信息不对等导致的。将区块链技术引入其中，借助去中心化数据存储的方式，让区块链网络中所有的节点都存储数据，保证节点的地位对等，确保数据被所有节点共享，打破现有的信息壁垒。借助区块链技术，就可实现在网络中节点在没有取得相互信任的前提下达成共识，从而达到电力价格公开透明可控的目的。

基于区块链的优势，我国进行了相应的尝试。2018 年 3 月，华为云与招商新能源合作，为深圳蛇口 3 个光伏电站实现基于区块链 FusionSolar 的智能光伏管理系统。该系统提供了清洁能源发电数据溯源和点对点交易功能，通过区块链技术实现可信交易和价值转移，实现清洁能源创新盈利模式。可以说，区块链技术是新能源点对点交易的信任基石。图 8-3 为 FusionSolar 户用智能光伏解决方案，图 8-4 为 FusionSolar 分布式发电用电系统智能网络。

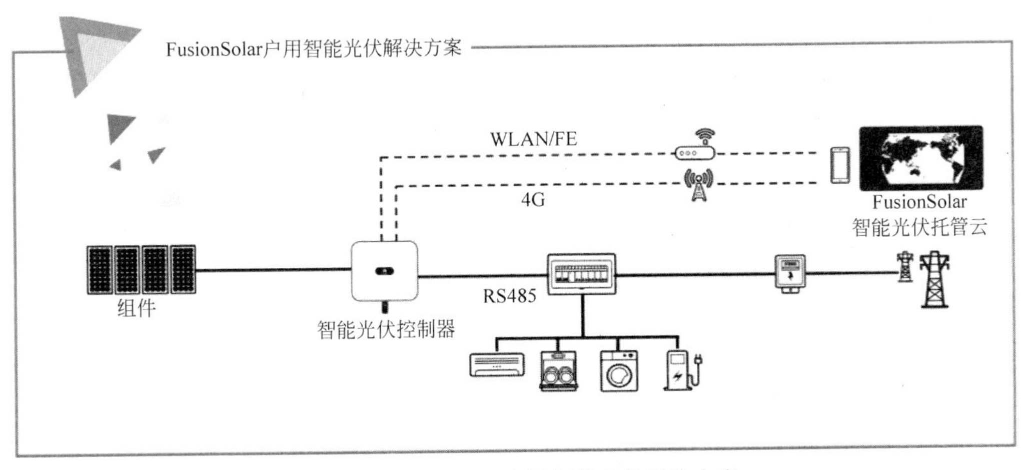

图 8-3　FusionSolar 户用智能光伏解决方案

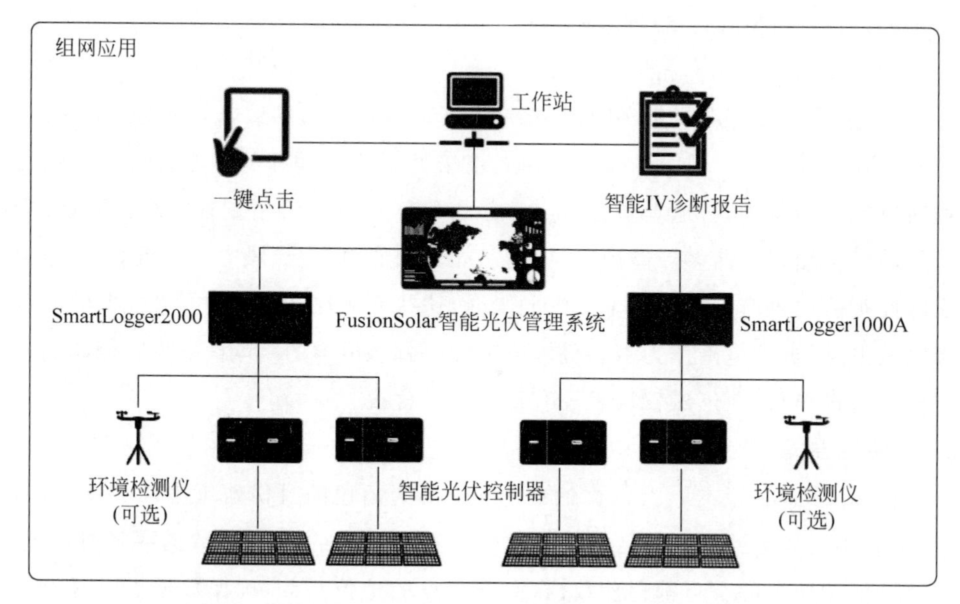

图 8-4　FusionSolar 分布式发电用电系统智能网络图示

8.1.3　准则三：多方是否互信

随着互联网的大规模发展，使用 TCP/IP 网络通信构建出了一条条网状的信息"高速公路"。在这个"高速公路"网络上，信息能够快速生成和复制，传播到世界上每一个被互联网覆盖的角落。这种传播方法是非常高效且价格低廉的，然而人们渐渐发现，有些信息是不能在这种方式下传播的。比如对于一些私密的个人信息，我们希望互联网能够帮我们严格保密，但是事实是无用的隐私协定和猖獗的信息贩卖让互联网用户们很多时候都宛如在网络世界"裸奔"，例如著名的"双花问题"（Double-Spending Problem，即双重支付，指的是在数字货币系统中，由于数据的可复制性，使得系统可能存在同一笔数字资产因不当操作被重复使用的情况），就是想要强调在涉及价值传递时我们对数字世界本能的不信任。

如果说前代互联网解决的是数据传递的问题，那么新一代采用区块链技术的互联网旨在解决价值传递和信任的问题。

1. 基于区块链解决信任问题的方式

区块链技术具有诸多优势，具体如下：

(1) 区块链利用密码学的哈希算法和数字签名来保证交易人的身份无法被冒充，交易内容无法被篡改。

(2) 区块链的链式结构保证了这个分布式数据库中的历史数据无法被更改，并且透明可追溯。

(3) 区块链的共识算法解决了分布式系统达成一致性的问题。

区块链的一系列特点给互联网带来了一场基于信任机器的新科技革命,虚拟世界可以在区块链技术上建立前所未有的互信,从而构建无须信任的系统(Trustless System)。通过区块链技术,可以不用再花时间和资本去建立信任中介就可以完成价值转换。

2. 对于解决多方互信问题的总结

如果假设多方确实有足够强的信任,参与区块链(写块、读块)的多方是为了同一个目标而协作,并且相信其他人都不会为了自己的利益而做出损害集体利益的事情,那么即使在物理上分散,他们在逻辑方法和行为上也是聚合的,也就是"力往一处使",在这种情况下区块链的信任传递特性已然失去了意义。然而事实上,大多数信任机制都是不完美的,甚至说从社会学角度来看,最难建立的就是牢固的信任关系。读过《三体:黑暗森林》的读者或许会对"宇宙社会学"有非常深刻的印象,这个虚拟出来的社会体系和"猜疑链"就很好地为我们解释了信任的脆弱性。

在现实的经济社会与生产活动中,大多数已存在的信任机制都是建立在一定场景下的,比如团队内部的长期沟通合作,或者不同团体之间通过可信任第三方建立。而这种信任的根基并不牢固,第三方可能出现中心化机构会出现的一切问题(见准则二),而团体里的信任只能限定于一个特定的人数范围。因此,只要认真分析,就不难发现这些传统的建立在一定信任机制之上的场景和应用也都可以转换为区块链应用,并且能够从转换中受益。

基于区块链技术的网络就是为了在参与方无法实现相互信任的前提下实现数据的传递,如果应用场景中已存在多方基于某些准则互信,那么此业务场景就需要借助区块链技术实现互信。

8.1.4 准则四:TTP是否能完美解决问题

TTP (Trusted Third Party)即可信任第三方,是由计算机安全领域引入的概念,顾名思义就是一个具有公信力的权威的组织或机构。其实TTP离我们并不遥远,比如从前每个村子几乎都有一个有威信的长者,负责处理一些难以调和的纠纷。

将此准则延伸至实际应用场景,如果在此应用场景中已存在TTP并且能完美解决应用场景中关于价值信任的问题,那么就不需要借助区块链技术。

但是随着社会生产生活的复杂化,并随着互联网的蓬勃发展,交易不再局限于某一场景，而是扩展到更广阔的人与物中，我们需要更多的信任去填补这个物理鸿沟。

另一方面，建立这种信任的权威机构是非常复杂且昂贵的，尤其是在互联网和虚拟世界中。例如，银行的在线业务和应用（网上银行和数字人民币）需要银行强大的资金和政府公信力为其背书。很多电商也是依赖特定企业强大的资金和公信力为其背书，人们选择使用数字业务是因为他们相信在使用过程中，信任机构提供了有效的监管；而在遭遇问题时（当然最好永远不会遭遇），银行和这些行业巨头会为他们提供公允的解决纠纷的决断。如下为建立可信任第三方机构常见的问题。

（1）昂贵的门槛费；

（2）复杂的接入程序；

（3）权力过于集中；

（4）信任危机。

8.1.5 准则五：是否限制参与

判断流程至此，我们已经基本对适合区块链的应用和场景有了一定掌握。是否限制参与这一指标主要用来判定这个应用是适合公有链还是联盟链（由于私有链是私人控制的中心化的区块链，这里不做讨论）。

事实上，区块链的初识者常常有一个误区，即区块链只有公有链一种形式。再加之时常听说区块链是公开透明的，很多人不禁会疑惑，那一些比较私密的数据、商业机密、企业核心科技岂不是所有人都可以看到，毫无数据安全可言了？对于这个误区，除了密码学原理以外，在实操时，大家必须意识到区块链不止一种，而且是可能对各参与节点设置权限的。

在公有链系统中，系统对节点的加入没有限制，以比特币系统为例，世界上的所有人都可以自由地加入（和退出）。这构建了一个公平的世界性的交易体系，但也使得系统的治理非常复杂。为了利用区块链的特性，同时避免复杂的系统治理，采用许可认证的节点管理方式的联盟链应运而生。对于联盟链中的节点来说，系统是在一系列已知认证的、具有特定身份标识成员之间进行交互。

在实际应用场景中，需要根据场景需要选用指定类型的区块链系统。总的来说，如果开展的业务是以企业间合作为主，价值的传递主要包括企业的隐私数据、核心科技、商业机密，那么在选用区块链技术时需要采用联盟链，通过权限的方式，给加入的成员设置“门槛”，从而提高安全性。如果构建的区块链网络主要应用于客户端，需要吸引更多的用户加入维持网络活力，那么就需要考虑使用公有链系统。

8.1.6 判断准则的总结

最后，正如本章开篇所言，上述准则的存在目的是给读者一个简单易实行的审视各类应用是否适用于区块链的基本方法，避免读者分析一个陌生领域（尤其是很复杂的区块链领域）时无从下手。

需要指出的是，本书提到的判断准则应是区块链适用性判断的充分但不必要条件，也就是说，当满足这 5 项准则时能基本肯定这是一个区块链应用（或区块链）能够大展拳脚的场景，但并不必要完全满足。在实践中，应该更加灵活，根据产业和生活的实际需要，结合业务的自身特点和企业的实际经验进行灵活判断，才能发挥区块链的最大价值。

8.2 区块链应用设计的重要考量

创新项目设计是一个让想法经历“发散-筛选-聚合-细化”的过程。根据 8.1 节的学习，我们了解了区块链适用场景的一套简明判断准则。在决定了一个设计方向之后，本节中将落实到更具体和细化的过程。接下来将从数据设计、关系设计、共识设计和激励设计 4 个方面进行介绍。

8.2.1 数据设计

正如我们在准则一部分讨论到的，基于目前的区块链技术，并不是越多的数据上链就越好。考虑到区块链现阶段的性能，区块链应用的前提应是需要解决的问题本身已经互联网化，对应的数据可以标准化。通过对现有大部分领域的分析来看，区块链目前公认的天然适合的领域有金融、内容版权、医疗、慈善、能源。不难看出，这些领域都是在互联网上比较成熟，数据形式简单并符合共享性、安全性、可追溯性等要求的。

列出这些传统的区块链适用领域并不是想要限制读者的思路，相反我们希望可以给区块链应用操作者以启发，从数据层面思考区块链应用的场景。在设计一个区块链应用时，首先应该把所有数据项列出，从不同维度（重要性、隐私性、复杂性）分别评判它们是否适合上链。

8.2.2 关系设计

现有区块链种类包括公有链、私有链、联盟链。在传统中心化系统采用的数据库操作包括 CRUD(Create,Retrieve,Update,Delete),即分别对应对数据的创建、检索、更新和删除权力。那么,将区块链技术理解为在去中心化系统的特殊数据库,根据区块链种类的不同对于数据的操作也不尽相同,具体如下:

(1) 公有链——所有数据都是公开的,人人都可以创建和读取;

(2) 联盟链——只有通过了申请的联盟链成员才可以读取和写入数据,联盟链成员可以通过协议指定特定的规则;

(3) 私有链——完全中心化的区块链存储方式,只有所有者可以读写数据。

需要强调的是,在区块链中数据只有创建和查询两个功能,任何上链的数据都不能被修改和删除。在针对指定应用场景选定区块链技术开始设计时,首先要考虑在区块链中数据的关系设计。以区块链在食品溯源中的应用为例,从整体来看,需要实现的目标为任意由消费者购买的食品都可以向前追溯到源头。落实到具体细节,即为食品在经历生产、加工、运输、仓库和销售每个环节时都需要进行相关信息的数据上链,最终实现所有上链信息公开。如图 8-5 所示为食品溯源上链数据关系设计示例。

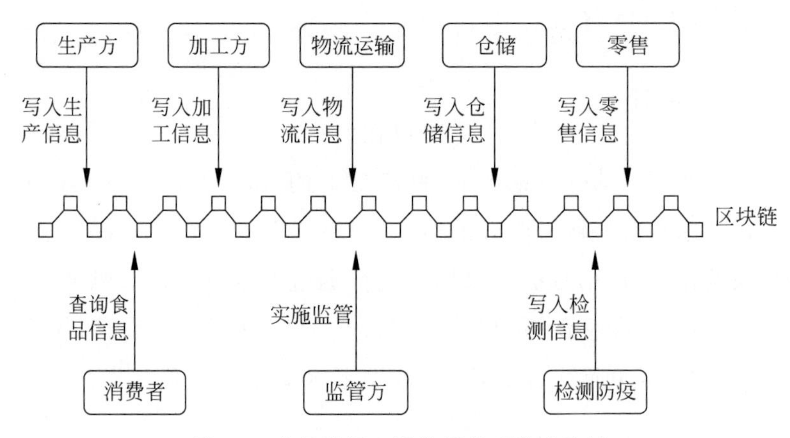

图 8-5 食品溯源上链数据关系设计示例

从图 8-5 中可以看出,食品溯源数据上链的参与方包括生产方、加工方在内的 5 个角色,虽然数据公开可以让所有角色都可以看到,但是不同角色由于权限不同,在数据上链时只能进行相应角色的操作,如生产方只能上链生产信息,加工方只能上链加工信息。

8.2.3 共识设计

基于共识机制设计是去中心化系统设计的核心环节。针对不同的区块链系统，出于安全性、准入性以及节点规模要求，可以采用不同的共识机制算法。对于开放场景下的无需许可链，例如比特币、以太坊等，采用 PoW 或 PoS 类算法是比较常见的选择。对于有准入限制的许可链或者联盟链来说，由于节点动态变化少，系统交易吞吐量要求较高，因此常采用 PBFT 共识的演进版本实现区块链系统。

8.2.4 激励设计

区块链系统是一个典型的经济系统，其参与者可以通过贡献算力来获得经济激励。因为人都是有自利性的，即更倾向于采取有利于提高自身收益的行为。因此，设计一个有效的激励机制对任何区块链系统都尤其重要。激励实际上是由共识机制实现的，这里要引入一个重要概念——激励相容性。

激励相容性可以有如下理解：有一个共识机制，矿工在达到个人收益最大化的同时，也能实现整个区块链系统的价值最大化，则称这个共识机制是激励相容的。

如果缺乏有效的激励手段，那么社区很可能会发展为矿工只考虑自身的经济利益，进而采取一系列策略性挖矿行为，导致整体系统生态的稳定性和公平性受到有害影响。而如果共识算法是激励相容的，则在最好的情况下，所有矿工都将遵守共识协议进行诚实挖矿，从而获得与其自身算力相当的奖励。综上所述，一个好的激励设计是维持区块链生态系统稳定的核心，它可以在保证各参与方的经济利益的前提下，有效调动参与者的积极性，进而极大地提升分布式协作的效率。

参 考 文 献

[1] NAKAMOTO S. Bitcoin: a peer-to-peer electronic cash system[EB/OL]. https://bitcoin.org/bitcoin.pdf.

[2] 以太坊黄皮书[EB/OL]. https://github.com/ethereum/yellowpaper.git.

[3] 硅谷洞察，智谷星图. 2020全球区块链产业应用与人才培养报告[EB/OL]. http://www.zhiguxingtu.com/p2020.pdf.

[4] 江苏省区块链产业发展报告(2020)[EB/OL]. https://www.jsia.org.cn/Uploads/Editor/2020-11-10/5faa2fa034599.pdf.

[5] 以太坊的历史[EB/OL]. https://ethereum.org/zh/history/.

[6] 袁勇，王飞跃. 区块链技术发展现状与展望[J]. 自动化学报，2016，42(4)：481-494.

[7] 蔡维德，郁莲，王荣，等. 基于区块链的应用系统开发方法研究[J]. 软件学报，2017，28(6)：1474-1487.

[8] 谢辉，王健. 区块链技术及其应用研究[J]. 信息网络安全，2016，(9)：192-195.

[9] 邵奇峰，金澈清，张召，等. 区块链技术：架构及进展[J]. 计算机学报，2018，41(5)：969-988.

[10] 沈鑫，裴庆祺，刘雪峰. 区块链技术综述[J]. 网络与信息安全学报，2016，2(11)：11-20.

[11] 朱嘉伟，谭国斌. 从0到1全面学透区块链[M]. 北京：电子工业出版社，2019.

[12] 杨保华，陈昌. 区块链原理、设计与应用[M]. 2版. 北京：机械工业出版社，2020.

[13] 华为区块链技术开发团队. 区块链技术及应用[M]. 北京：清华大学出版社，2019.

[14] ANTONOPOULOS A M，WOOD G. 精通以太坊：开发智能合约和去中心化应用[M]. 俞勇，杨镇，阿剑，等译. 北京：机械工业出版社，2019.

[15] 袁勇，王飞跃. 区块链理论与方法[M]. 北京：清华大学出版社，2019.

[16] 柴洪峰，马小峰. 区块链导论[M]. 北京：中国科学技术出版社，2020.

图书资源支持

感谢您一直以来对清华大学出版社图书的支持和爱护。为了配合本书的使用，本书提供配套的资源，有需求的读者请扫描下方的“书圈”微信公众号二维码，在图书专区下载，也可以拨打电话或发送电子邮件咨询。

如果您在使用本书的过程中遇到了什么问题，或者有相关图书出版计划，也请您发邮件告诉我们，以便我们更好地为您服务。

我们的联系方式：

地　　址：北京市海淀区双清路学研大厦 A 座 714

邮　　编：100084

电　　话：010-83470236　010-83470237

资源下载：http://www.tup.com.cn

客服邮箱：tupjsj@vip.163.com

QQ：2301891038（请写明您的单位和姓名）

教学资源 · 教学样书 · 新书信息

人工智能科学与技术
人工智能|电子通信|自动控制

资料下载 · 样书申请

书圈

用微信扫一扫右边的二维码，即可关注清华大学出版社公众号。